Der Nord-Ostsee-Kanal

als Durchstich mit Endschleusen

zwischen

der Elbmündung — dem Eider-Gebiet

und der Kieler-Bucht.

Nach früheren Projecten erläutert

von

H. Dahlström.

Mit einem den Rückgang der Segelschifffahrt und die Frachtdampfer-Rhederei betreffenden Anhang und einer Uebersichtskarte.

HAMBURG.

L. Friederichsen & Co.

Land- und Seekartenhandlung,
geographische und nautische Verlagshandlung.

1879.

Inhalt.

„Vom militairischen Standpunkt müsste „die Ausmündung desselben, in den Kieler „Hafen gefordert werden, was sich aber nicht „ohne sehr bedeutende Mehrkosten ermöglichen lässt“ — so heisst es in einem Schreiben, mit welchem Sr. Excellenz der General-Feldmarschall Graf von Moltke, nach gütiger Kenntnissnahme meiner früheren, „die Ertragsfähigkeit des Nord-Ostsee-Kanals“ betreffenden Schrift, mich beehrt hatte.

Andere, bei gleicher Veranlassung erhaltene Schreiben sprechen sich ähnlich aus und wird in einem derselben u. A. Folgendes erwähnt:

> „Das Reich selbst wird aber durch den „Kanal ganz ungemein gewinnen, denn er wird „die Stärke unserer Flotte verdoppeln, da er „uns in den Stand setzt, unbehindert und ungesehen vom Feinde, unsere ganzen Seestreitkräfte nach der Ostsee oder der Nordsee zu „werfen.“

Durch diese Aeusserungen wird, die neuerdings mehrfach bekundete Ansicht, — dass der Kanal in militairischer Hinsicht keinen Werth habe — widerlegt; es hat z. B. in den Zeitungen gehiessen:
„dass man massgebenden Ortes an die Ausführung „des Kanals nicht mehr denke, nachdem Sr. Exc. „Graf Moltke das Nord-Ostsee-Kanal-Project im „Reichstage am 23. Juni 1873 bekämpft und ge„wissermassen zu Tode geredet, wenigstens die sehr „grossen Erwartungen, die sich im Allgemeinen an „die Ausführung des Kanals geknüpft auf ein geringeres „Maass zurückgeführt und den militairischen Nutzen „vollständig bestritten hätte."

Die bei erwähnter Gelegenheit kund gewordenen Ansichten Sr. Excellenz nehmen sich jedoch im Zusammenhang etwas anders aus, und lautet der betreffende Passus nach den bei Ernst Siegfried Mittler & Sohn, Königliche Hofbuchhandlung, Berlin 1879, erschienenen „Reden des Abgeordneten Grafen von Moltke" Seite 14 wie folgt:

> „Wir bauen vielmehr den Kanal für Schweden „und Russland, für Amerika, Frankreich u. s. w. „Nun kann man sagen, in diesem Falle würden „diese Staaten sich auch an den Kosten der „Anlage betheiligen. Vielleicht! meine Herren, „aber dann würde dieser Kanal ein internatio„naler, es würde dann aber auch der ganze „militairische Nutzen verloren gehen, denn im

„Kriege würden wir den neutralen Kanal gar „nicht benutzen können, während wir noch „im letzten Kriege sehr bedeutende Ver„sendungen nach der Jade bewirkt, selbst „kleinere Kriegsschiffe durch den schon vor„handenen Eiderkanal übergeführt haben. „Ob der schon vorhandene Kanal mit ausser„ordentlich viel geringerer Summe sich nicht „in besseren Zustand wird versetzen lassen, „das will ich dahin gestellt sein lassen."

„Was nun den militairischen Nutzen betrifft, „so ist behauptet worden, dass wir durch den „Kanal die Möglichkeit gewönnen, die Flotte „von einem Meer in das andere zu bringen, „also in dem einen Meere doppelt so stark „aufzutreten. Meine Herren, ganz richtig ist „das auch nicht. Zunächst können wir in beiden „Meeren engagirt sein. In einem Kriege mit „Frankreich, dem Dänemark beiträte, können „wir die Ostseeflotte in der Ostsee nicht ent„behren. Allerdings könnten wir unter Um„ständen die Schiffe der Ostseeflotte in der „Nordsee verwerthen; aber ich glaube, Schiffe „wie den „Prinz Friedrich Karl" und den „König „Wilhelm" können wir in der Ostsee gar nicht „brauchen." —

Zunächst geht also hieraus hervor, dass selbst der vorhandene Kanal im letzten Kriege sich bereits brauchbar und immerhin vortheilhaft erwiesen hat, alsdann ist der militairische Nutzen nicht „vollständig bestritten,“ sondern dieser durch die „unter Umständen“ zugegebene Verwerthung der Ostseeflotte in der Nordsee, ausdrücklich anerkannt worden!

Wenn nun aber Schiffe wie der „König Wilhelm“ in der Ostsee nicht zu brauchen sind und falls der Kanal geschaffen wird im Kriegsfalle mehr die „Ausfall-Corvetten“ *) Verwendung finden dürften, welche bei voller Ausrüstung bis 6 Meter, und ohne Kohlen etc. nur etwa 5½ Meter Tiefgang besitzen — auch für die Handelsschifffahrt eine Kanal-Tiefe von 6 Meter vollständig genügt, weshalb soll dann die Kanal-Sohle 31′ (9.73 Meter) resp. 33⅔′ (10.57 Meter) unter dem Ostseespiegel gelegt werden, wie solches von dem Geh. Oberbaurath Lentze projectirt war, wodurch die Bau-Kosten ausserordentlich hoch werden, und die Ausführung des Kanals durch eine Privat-Gesellschaft, eben durch das Risico, eine derartige Tiefe überall zu erreichen, ganz besonders erschwert wird. Die Nothwendigkeit einer so tiefen Ausbaggerung des Kanal-Bettes nach dem Lentze'schen Project kann nur darin liegen, dass an der Ostsee Senkungen bis zu 6—7 Fuss nicht ganz selten sind. Da nämlich die östliche Kanal-Mündung keinen Schleusen-

*) Als solche wären zu bezeichnen z. B. die Schiffe „Bayern“, „Sachsen“, „Württemberg“ u. s. w.

abschluss erhalten sollte, würde es vorkommen können, dass der Kanal-Wasserspiegel um ebensoviel, bei länger anhaltenden tieferen Stand der Ostsee, nach dieser Seite hin abfiele. Dies hätte ohnehin, wie bereits früher von Technikern hervorgehoben, den Nachtheil im Gefolge, dass sich im Kanal Strömungen entwickelten, welche der Schifffahrt ausserordentlich hinderlich wären, während durch einen Schleusenabschluss an beiden Mündungen ein constanter, ruhiger Wasserstand, der das Bugsiren und Schleppen der Schiffe wesentlich erleichtert, sich stets halten lässt. Bei normalem Stand der Ostsee, könnte die östliche Schleuse geöffnet bleiben.

In meiner früheren Schrift ist das Lentze'sche Project, weil danach ein sogenannter Durchstich (d. h. ein Kanal ohne Zwischenschleusen) hergestellt werden sollte, vom mercantilen Standpunkte als durchaus empfehlenswerth bezeichnet und die Linie — Brunsbüttel-Kiel — vergleichsweise nur in finanzieller Beziehung erwähnt worden.

Will man den Kanal durch eine Actien-Gesellschaft zur Ausführung bringen und glaubt man bei dem Unternehmen einer staatlichen Unterstützung zu bedürfen, so wird man den militairischen Anforderungen Rechnung tragen müssen und die östliche Kanal-Mündung nach der Kieler Bucht zu legen haben.

Die Linie des ausgearbeiteten Projectes Brunsbüttel-Kiel, welche ziemlich gerade durch das Land geht und mittelst Zwischenschleusen theilweise ein sehr hohes Terrain überschreitet, würde aber als Durchstich allzutheuer zu stehen kommen.

Um ein günstigeres Terrain aufzusuchen, muss die Kanal-Linie etwas verlängert werden und wird man im Wesentlichen stets wieder auf die von dem Geh. Oberbaurath Lentze bearbeitete Linie zurückkommen, in welcher etwa 4 Meilen die Eider und die Eider-Seen benutzt werden. Von diesen aus müsste ein Durchstich in der Richtung des bestehenden Eider-Kanals mit theilweiser Verwendung seines vorhandenen Bettes nach der Kieler Bucht geführt werden. Eine derartige Verlängerung der Kanal-Linie lässt sich ohne allzugrosse Erhöhung des Bau-Kapitals indessen nur dadurch ermöglichen, dass man das Kanal-Profil, gegen das vom Geh. Oberbaurath Lentze angenommene, erheblich verkleinert.

Geht man von dem Grundgedanken aus, dass alle Schiffe, wenigstens die Segler im Kanal bugsirt oder vielmehr von vornherein regelmässige Ketten-Schleppschifffahrt einzurichten ist, so muss bei einem Schleusenabschluss an beiden Seiten auch ein Profil, wie z. B. das des Brunsbüttel-Kieler Projectes von 160 Fuss rhein. = 50,2 Meter Wasserfläche, 64 Fuss = 20 Meter in der Sohle bei 25 Fuss = 7,85 Meter Tiefe für alle Zwecke als ausreichend erachtet werden, denn in Kriegszeiten wird der Kanal ohnehin für die Schifffahrt, wenigstens für fremde, geschlossen werden müssen, also die Passage von Kriegsfahrzeugen räumlich nicht behindert.

Ganz bedeutend aber würden sich die Bau-Kosten verringern lassen, wenn der Kanal nur auf die, für die Handelsschifffahrt nöthige Tiefe (ca. 6 Meter) hergestellt wird und die Kanal-Ufer und Böschungen danach eingerichtet werden, dass man um die Durchfahrt grösserer Kriegsfahrzeuge zu ermöglichen, den Kanal-Wasserspiegel durch das Fluthwasser der Elbmündung aufstauen kann. Der Wasserstand des Kanals lässt sich auf diese Weise jederzeit ohne eine Verflachung des Kanal-Bettes durch Elbsand und Schlick befürchten zu müssen, da derartige Aufstauungen durch Fluthwasser nicht allzuoft vorkommen dürften, bei normalen Niveau-Verhältnissen um mindestens 1½ Meter erhöhen, ohnehin könnten die grösseren Kriegsschiffe event. um 1—1½ Meter geleichtet werden, indem man dieselben ihren Kohlenbedarf etc. erst nach zurückgelegter Durchfahrt an den Mündungen einnehmen lässt.

Die im Laufe der Zeit entstandenen Kanal-Projecte sind — bis auf Einzelne, in den Hauptrichtungen aber ähnliche — nachfolgend der Reihe nach aufgeführt; es ergiebt sich aus dieser Zusammenstellung in Rücksicht auf die Anforderungen,

a. für die militairischen Interessen,

b. für die Verkehrs- und Handels-Interessen,

c. in Bezug auf die Herstellung des Kanals im Interesse der Landwirthschaft und Bodencultur eines grossen Theiles der Provinz,

d. in finanzieller Beziehung, um das Unternehmen durch ein verhältnissmässig geringes Bau-Capital hinsichtlich der Rentabilität günstig zu stellen,

dass der Nord-Ostsee-Kanal als Durchstich nur in der Linie — St. Margarethen (resp. Brunsbüttel-Kudensee)-Eider-Gebiet — Kieler Bucht — hergestellt werden kann, wenn derselbe allen Ansprüchen genügen soll.

Zur weiteren Erläuterung der voraussichtlichen Rentabilität sind noch einige Daten und Tabellen hinzugefügt, aus welchen ersichtlich, dass der Schiffsverkehr des Sundes im Jahre 1878 gegen das Vorjahr um 380 Dampfer zugenommen, wogegen die Segelschifffahrt um 290 Schiffe abgenommen hat. Zu bemerken ist indessen, dass die Dampfer nach meinen früheren Berechnungen nicht unter 465 Netto Reg.-Tons gross sein dürften, während die Durchschnittsgrösse der Segelschiffe nur etwa 225 Tons beträgt, mithin eine nicht unerhebliche Vermehrung des Verkehrs der Tons-Zahl nach, trotz der flauen Geschäfts-Verhältnisse im vorigen Jahre stattgefunden hat.

Nimmt die Dampfschifffahrt im Verhältniss der letzten 4 Jahre zu, so wird nach Vollendung des

Kanals, bei einer auf 6 Jahre veranschlagten Bauzeit, die Verkehrsziffer der Dampfer zwischen den beiden Meeren nicht weniger als — 12000 — betragen können, von welcher wie von Fachleuten zugegeben wird, gewiss die grösste Zahl, wenigstens aber alle diejenigen Dampfer die Kanal-Passage nehmen werden, welche von und nach Plätzen südlicher wie Newcastle in der Ostsee-Fahrt befindlich sind.

Die Seefahrer sind freilich durchweg recht conservativ und werden manche gewiss in erster Zeit den alten ihnen bekannten Weg um Skagen nicht gleich ganz aufgeben. — Die Führer der Dampfschiffe werden aber durch die Concurrenz — den Frachtenstand oder durch die Ablader — gezwungen werden, den Kanal zu benutzen und

> „der, sich stetig vollziehende Uebergang von „der Segelschifffahrt zur Dampfschifffahrt „bietet eine Gewähr dafür, dass das Nord-„Ostsee-Kanal-Unternehmen lucrativ werde, „wenn das Bau-Capital kein allzugrosses, also „der Kanal nicht von vorneherein in zu be-„deutenden Dimensionen angelegt wird.

Hamburg, im October 1879.

Der Verfasser.

Die verschiedenen Kanal-Projecte. *)

Als einen der ältesten Kanäle in Europa, durch den eine Verbindung der Nordsee und Ostsee hergestellt worden ist, wäre der Steckenitz-Kanal zu verzeichnen, welcher in den Jahren 1391—1398 von der Hansestadt Lübeck angelegt wurde und der bis auf den heutigen Tag bestehend befahren wird. — Neuerdings ist eine Correction dieses alten Kanals in Vorschlag gebracht worden, wonach derselbe eine durchgehende Tiefe von zwei Meter erhalten würde.

Ein anderer Kanal älterer Zeit hat zwischen der Alster und Trave bestanden, indessen soll derselbe nur verhältnissmässig kurze Zeit in Benutzung gewesen sein. Bereits im Jahre 1448 hatte Hamburg mit dem Herzog von Holstein, Adolph VIII., einen Vertrag abgeschlossen, die Vereinigung der Alster und Trave betreffend, welche durch Benutzung der „Beste", eines Nebenflüsschens der Trave hergestellt werden sollte.

Der Kanal kam unter Beihülfe Lübecks aber erst im Jahre 1525 zu Stande, worauf im Jahre 1550 die Befahrung desselben schon wieder aufgehört haben soll, wie es heisst, weil der Besitzer der anliegenden Güter Borstel und Jersbeck bei Gelegenheit eines Streites mit den Städten den Kanal verschütten liess. Das Bett des Kanals zwischen der Alster bei Haidkrug und der Beste bei Süllfeld ist noch vorhanden und auf guten Special-Karten mit „Alte Alster, Alsterkanal, Westergraben" bezeichnet. Nachdem im

*) Bereits im Auszug in No. 69 der „Hamb. Nachrichten" d. J. enthalten.

Jahre 1795 der Capitain von Justi die dänischen Behörden auf die vorerwähnte Kanal-Linie des Alster-Trave-Gebietes aufmerksam gemacht hatte, nahm im Jahre 1818 die Hamburger Gesellschaft „zur Förderung der Künste und nützlichen Gewerbe“ den Gedanken wieder auf und machte das Project einer brauchbaren Kanal-Verbindung in dieser Richtung zum Gegenstande einer Preisaufgabe.

Der Preis wurde dem obengenannten von Justi und dem Salinen-Inspector zu Travensalze, Dr. F. A. Lorenzen für eine gemeinschaftliche Arbeit zuerkannt. (Ueber eine Kanal-Verbindung der Elbe und Ostsee mittelst der Alster und der Trave. Hamburg, bei Perthes & Besser, 1820.)

Der Kanal war für Schiffe bis zu drei Fuss Tiefgang mit einem Kosten-Betrag von einer Million Mark Banco projectirt.

Wieder aufgenommen wurde diese Idee seitens einer Brüsseler Gesellschaft in den Jahren 1854 und 1857, wobei natürlich das Project den gesteigerten Verkehrs-Verhältnissen entsprechend, in grösserem Massstabe angelegt und eine Breite des Kanals von 60 Fuss bei 18 Fuss Tiefe in Aussicht genommen war. Wie man hört hat damals der Plan wieder aufgegeben werden müssen, weil die dänische Regierung der Wahl Travemünde's als östlichen Mündungspunkt ihre Zustimmung versagte.

In Betreff älterer Kanal-Projecte ist noch anzuführen, dass Christian III. während seiner Regierung 1533—59 beabsichtigt haben soll, einen Kanal von Ripen aus quer durch Schleswig zu führen und zwar entweder nach Kolding mit Benutzung der Thäler der Ripenau und Königsau oder nach Hadersleben. Eben so wollte Christian IV. einen Kanal zwischen Ballum und Apenrade herstellen, auf Grund eines Projectes, welches ein Holländer Namens Cornelius

Claussen Pitael aus Medemblick vorgeschlagen hatte und nach welchem der Kanal für Schiffe bis zu 11 Fuss Tiefgang passirbar sein sollte.

Ferner wurden im Jahre 1761 durch von Justi zwei Kanal-Richtungen im Herzogthum Schleswig in Vorschlag gebracht —

Tondern-Flensburg und Husum-Schleswig-Eckernförde.

Das letztere Project wurde im Jahre 1848 vom Deichinspector Petersen ausgearbeitet und im Jahre 1865 von zwei Mitarbeitern desselben wiederum angeregt, auch auf Veranlassung eines Kanal-Comité's der Städte Husum, Schleswig und Eckernförde durch den holländischen Ingenieur T. J. Stieltjes begutachtet und umgearbeitet.

Die Tiefe des Petersen'schen Kanals war auf 22 Fuss projectirt, bei einer Scheitelhaltung von 10 Fuss über Nordseefluth zwischen Husum und Bunstorf an der Schlei; von da bis zur Ostsee sollte der Kanal offen bleiben.

Die Länge desselben war . . . . $7^3/_5$ Meilen
und wurden die Baukosten auf . 10,560,000 Thaler
veranschlagt, wovon . . . . . 6,906,360 „
auf Erd- und Baggerarbeit für 717,762 Pott von 1024 Kub.-Fuss oder 22,724,335 Kub.-Meter kommen.

Die Breite des Kanals würde 128 Fuss auf dem Wasserspiegel und 50 Fuss in der Sohle betragen haben.

Diese Linie ist von allen bisher projectirten die kürzeste und erfordert die wenigsten Erdarbeiten. Man wird aber Husum als westliche Kanal-Mündung für die Ansegelung als ungünstig bezeichnen müssen, da sich das Fahrwasser etwa sechs Meilen durch Watten und Sandbänke hinschlängelt und zu öfteren Zeiten der Wasserstand auf der Barre ein höchst ungenügender sein soll.

In den Jahren 1777—1785 unter Christian VII. wurde der bestehende Schleswig-Holsteinische Kanal — der sogenannte Eider-Kanal hergestellt. — Von Tönning ist die Eider bis 1½ Meilen hinter Rendsburg und in der 24′ hohen Scheitelhaltung zwischen Königsförde und dem Flemhuder-See benutzt; die östliche Mündung liegt in der Kieler Bucht bei Holtenau. Nur Schiffe nicht über 9 Fuss tiefgehend können den Kanal benutzen. Für die grosse Schifffahrt passt diese Wasserstrasse, abgesehen von den 6 Schleusen in ihrem jetzigen Zustande wegen der vielen und ausserordentlich starken Krümmungen nicht; dazu kommt die ebenfalls ungünstige Beschaffenheit des Fahrwassers an der Eidermündung. Bei alledem und obgleich Segelschiffe für die Passage mindestens 3—4 Tage und Dampfer etwa 40 Stunden gebrauchen, wird der Eiderkanal noch stets von etwa 4000 Schiffen jährlich frequentirt, was gewiss dafür als Beweis dienen kann, dass ein „grosser" Schifffahrtskanal, welcher Schiffen jeder Gattung den Durchgang gestattet, auf eine starke, fast allgemeine Benutzung seitens der Nord-Ostsee-Schifffahrt wird rechnen können.

Im Jahre 1848 wurde ein Vorschlag zur Umgestaltung des Eiderkanals gemacht, damit auch grösseren Schiffen die Passage ermöglicht und die Befahrung überhaupt erleichtert würde, indem das Fahrwasser der Eidermündung verbessert, die Eider rectificirt und die östliche Mündung des Kanals nach Eckernförde verlegt werden sollte. —

Die Jahre 1848 und 1849 brachten überhaupt eine besondere Regsamkeit für die Nord-Ostsee-Kanal-Verbindung hervor; neben älteren Projecten, welche wieder auftauchten, entstanden verschiedene neue Pläne, von welchen anzuführen sind:

Brunsbüttel-Rendsburg-Eckernförde und

Brunsbüttel-Kiel.

Das erste von den Gebrüdern Christensen vorgeschlagene Project ist der vorerwähnten Umgestaltung des Eider-Kanals ähnlich, mit dem Unterschiede, dass die Elbe als westliche Kanal-Mündung gewählt ward.

Die Baukosten waren auf . . 11,000,000 Thaler veranschlagt, darunter . . . . . . 7,560,000 „ für Erd- und Baggerarbeiten = 979,460 Pott von 1024 Kubikfuss oder . . . . 31,010,653 Kubikmeter.

Vom Goossee bis Rendsburg sollte der Wasserstand in der Scheitelhaltung auf der Höhe der Ober-Eider gehalten und mit einer Schleuse von $8^2/_3$ Fuss Gefälle mit der Ostsee, mit einer von $5^2/_3$ Fuss Gefälle bei Fluth zu Rendsburg mit der Unter-Eider verbunden werden. Von da bis Wittenberge würde die Eider rectificirt und von dort der Kanal in einer Haltung nach der Elbe geführt werden, wo eine dritte Schleuse den Abschluss des Kanal-Wasserstandes herzustellen bestimmt war. Das 10 Quadratmeilen grosse Stromgebiet der Ober-Eider sollte zur Speisung des Kanals dienen und der Witten-See als Reserve für trockene Zeiten benutzt werden. Die Länge des Kanals war angegeben auf $11,_{62}$ Meilen ($87,_5$ Kilometer), die projectirte Tiefe auf 24 Fuss bei 150 Fuss Breite in der Wasserlinie und 68 Fuss Sohlen-Breite.

Die drei Schleusen (an den Mündungen und bei Rendsburg) sollten 250 Fuss Länge und 50 Fuss Breite erhalten und für ca. 18,000 Durchschleusungen jährlich das nöthige Speise-Wasser vorhanden sein.

Das andere Project Brunsbüttel-Kiel wurde von dem Kieler Flottenausschuss veranlasst, welcher auch eine Vermessung der Linie vornehmen liess, worauf im Jahre 1864 dieser Plan von einem Kieler Comité nochmals angeregt und detaillirter ausgearbeitet wurde.

Während das vorerwähnte Christensen'sche Project nur drei Schleusen gebraucht, hat die Kieler Linie bei zwölf Meilen Länge sechs Schleusen nöthig. —

Die Tiefe dieses Kanals war zu 25 Fuss rheinl. angenommen, bei 160 Fuss rheinl. Breite in der Wasserlinie und 64 Fuss in der Sohle

Die Baukosten berechnete man zu 16,500,000 Thaler
davon kamen . . . . 7,576,000 „
auf Erd- und Baggerarbeiten für 1,288,493 Pott zu 1024 Kub.-Fuss oder 40,794,000 Kub.-Meter.

Jedes der sechs Schleusen-Systeme sollte aus einer grösseren Schleuse 380 Fuss lang, 64 Fuss breit, die Kammer durch ein Paar Mittelthore in zwei Abtheilungen von resp. 250 und 130 Fuss Länge getheilt und in einer kleineren Schleuse bestehen, welche bei einer Länge von 190 Fuss nur 32 Fuss Breite hatte.

Man hielt die Bespeisung des Kanals zumeist durch natürlichen Wasserzufluss bei einem auf neun Quadratmeilen veranschlagtem Stromgebiet für vollständig gesichert. — Dennoch war in Rücksicht auf etwa besonders trockene Jahre und einer bis zur Grenze von 40,000 Schiffen gesteigerten jährlichen Frequenz in dem Kostenanschlage eine Summe von 100,000 Thaler für die Anlage von Dampfpumpwerken vorgesehen und unter den Voranschlägen für den Betrieb dieser Werke jährlich 20,300 Thaler ausgeworfen, was mehr als ausreichend sein sollte, um eine Dampfkraft mit Pumpwerken herzustellen, die 271 Millionen Kubik-Fuss Wasser in die Scheitelhaltung heben würde. — Man berechnete wenn jährlich 20,000 Schiffe, während 280 Tagen, den Kanal passiren sollten, dass täglich durchschnittlich 72 Schiffe (36 in jeder Richtung durchzuschleusen wären und wurde der

Berechnung des Wasserbedarfes die Annahme zu Grunde gelegt, dass etwa 1/10 grosse, 1/10 mittlere und die übrigen kleinere Schiffe sein würden. — Nimmt man jedoch — wie dies meistens geschehen - an, dass der grösste Theil des Sund-Verkehrs den Kanal benutzen werde, so wird eine solche Schätzung der durchschnittlichen Schiffsgrösse höchst unrichtig erscheinen müssen; man berücksichtige nur, dass wenigstens jetzt 25 pCt. aller Schiffe, welche den Sund passiren, „Dampfer" sind.

Ein anderes, das vom Ingenieur Kröhnke in den Jahren 1861 u. 1862 ausgearbeitete Hansen'sche Project — St. Margarethen (Brunsbüttel) — Haffkrug — war ein Kanal mit 7 Schleusen-Systemen, wovon jedes aus einer grossen Schleuse von 390 Fuss Länge, welche durch ein drittes Paar Thore in zwei Kammern von 195 Fuss getheilt war und einer kleinen Schleuse von 190 Fuss Länge und 32 Fuss Breite bestehen sollte. Die Tiefe des Kanals war auf 25 Fuss berechnet, die Breite auf 160—170 Fuss in der Wasserlinie und 62 — 70 Fuss in der Sohle projectirt. Die Scheitelhaltung würde hier **63** Fuss über Nordseefluth oder **67**,5 Fuss über der Ostsee gelegen haben; das grösste Gefälle einer Schleuse betrug 24 Fuss. Herr Kröhnke nahm an, dass 25,000 Schiffe jährlich den Kanal benutzen würden, welche bei einem Verbrauch von durchschnittlich 68,400 Kub.-Fuss für die Durchschleusung eines Schiffes, im Ganzen etwa 1,710 Millionen Kub.-Fuss Wasser in Anspruch nehmen. Mit den Verlusten durch Verdunstung, Versickerung durch die Schleusen-Thore und Kanal-Dämme wurde das nöthige Wasserquantum auf rund 1800 Millionen Kub.-Fuss angenommen, welches nach Meinung verschiedener Techniker vorhanden sein sollte, da mehrere Seen, — der grosse und der kleine Plönersee, der Wardersee, Segebergersee, Klattsee und Seekampersee — als Wasserreservoire dienen konnten.

Die Höhe des Kosten-Anschlages soll sich auf fast 47,000,000 ℛ︁ belaufen haben, wovon etwa die Hälfte auf Erd- und Baggerarbeit kamen, für 2,654,322 Pott oder 84,726,000 Kub.-Meter.

Die dänische Regierung hatte die Bedingung gemacht, dass der Kanal und alle seine Nebenwerke, die Speisekanäle und Zuführungen auf holsteinischem Gebiete liegen sollten, sonst hätten sich günstigere Terrain-Verhältnisse wählen und die enormen Herstellungskosten erheblich verringern lassen.

Im Jahre 1863 wurde wiederum auf eine Umgestaltung des Schleswig-Holst. (Eider)-Kanals zurückgegriffen oder vielmehr seitens des Ingenieurs Jessen das Christensen'sche Project mit der Aenderung vorgeschlagen, von Grünthal ab, anstatt nach Brunsbüttel den Kanal direct nach der Nordsee und zwar nach Büsum zu führen.

Büsum bildet aber ebensowenig, wie Tönning und Husum nach damaliger Meinung Sachverständiger einen geeigneten Mündungspunkt für den Kanal, da die Ansegelung der dortigen Küste schwerlich beliebt würde und das Fahrwasser der Wattenbildung wegen grossen Veränderungen unterworfen sein könnte.

Zu jener Zeit ist auch wieder eine östliche Linie in Vorschlag gebracht, von welcher die Hoffnung ausgesprochen wurde, dass auf ihr ein reiner Durchstich möglich sei; es sollte diese ausgehen von Störort, über Bramstedt der Schmalfelder Au nach, bei Oldesloe ins Trave-Gebiet geführt werden und mit Benutzung des Hemmelsdorfer See's in der Neustädter Bucht bei Niendorf münden. Es sei auch hier noch eine Linie erwähnt, welche von Störort resp. Glückstadt nach Haidkrug, dem alten Alster-Kanal nach in's Trave-Gebiet und dann nach dem Hemmelsdorfer See gehen sollte.

Die Länge der ersten Linie wird 15 – 16 Meilen betragen, die der anderen etwas kürzer sein; eine technische Untersuchung hat bei Beiden nicht stattgefunden.

Bei oberflächlicher Terrain-Kenntniss und in Berücksichtigung, dass das Hansen-Kröhnke'sche Project mit einer Scheitelhöhe von 63 Fuss noch die Bewältigung einer Erdmasse von 84,726,000 Kub.-Meter nöthig macht, wird man einen Durchstich in dieser Richtung für sehr schwierig, wenigstens in finanzieller Beziehung für nicht gerechtfertigt halten müssen.

Im Auftrage der königl. preussichen Regierung nahm im Jahre 1864 der Geh. Ober-Baurath Lentze eine Untersuchung darüber vor, welche Linie zum Zweck der Herstellung eines Handels- und Marinekanals am Besten geeignet erscheine. Der Genannte entschied sich ungefähr für die Richtung, welche von den Gebrüdern Christensen im Jahre 1848 vorgeschlagen und wiederholt mit verschiedenen Modificationen befürwortet worden war.

Nach dem von Hrn. Geh. Ober-Baurath Lentze entworfenen und in's Detail ausgearbeitetem Project — Eckern-Föhrde — St. Margarethen – sollte der Kanal nach der Ostsee offen und nur an der Elbe durch ein Schleusen-System geschlossen sein. Dieses war aus zwei nebeneinander liegenden Schleusen construirt, wovon die eine mit einer Weite von 78 Fuss bei 480 Fuss Länge gleichzeitig 6 grosse und 8 mittlere Schiffe fassen sollte und die andere mit einer Einfahrtweite von 58 Fuss bei einer Kammer von 86 Fuss Breite und 480 Fuss Länge, 4 mittleren und 8 kleineren Schiffen nebst 2 kleinen Dampfschleppern Raum bieten konnte. Das Hineinziehen grösserer Schiffe in die Schleusen-Kammern, das Oeffnen und Schliessen der Thore, das Bewegen der Schützen in den Kanälen, welche das Wasser ein- und ausströmen lassen, sollte durch hydraulische Pressung, resp. durch stationäre Dampfkraft geschehen. In den Fällen, wo die Schleusen-Kammern für die Länge der Schiffe nicht ausreichen würden, sollten solche nur zur Zeit des Culminirens der Fluth bei beiderseitig geöffneten Thüren durch die Schleusen fahren. Der Kanal würde eine fahrbare Breite von 224 Fuss erhalten, die Kanalsohle 76 Fuss breit, von der Elbe bis Steinrade 31 Fuss unter dem Ostseespiegel liegen und von da eine Neigung nach der Ostsee bekommen, so dass an der östlichen Mündung die Tiefe $33^2/_3$ Fuss betragen würde. Bei Wittenbergen sollte eine Schleuse von 32 Fuss Weite die Unter-Eider mit dem Kanal vereinigen, während bei Steinrade eine andere mit dem alten Eiderkanal die Verbindung herstellte.

Für die Ueberführung der Eisenbahn bei Rendsburg war eine Drehbrücke in Eisen-Construction projectirt, welche bei voller Sicherheit des Bahnbetriebes so offen gehalten werden sollte, dass dieselbe nur für die auf den Bahnhöfen zur Ueberfahrt fertig stehenden Züge zu schliessen wäre und die Durchfahrt der Schiffe nur während des Passirens dieser Züge unterbrochen würde. Inzwischen sind nun allerdings zwei weitere die Kanal-Linie kreuzenden Bahnen gebaut und eine dritte ist in Bau genommen worden, welche also ähnliche, die Schiffs-Passage nicht wesentlich hindernde Ueberführungen resp. Trajecte erhalten müssten.

Die Baukosten dieses $11\frac{1}{4}$ Meilen langen Kanals waren von Herrn Geh. Ober-Baurath Lentze voranschlagt zu: 28,192,000 ℛ𝓉., wovon etwas über die Hälfte auf Erd- und Baggerarbeit entfielen für: 13,253,636 Schachtruthen oder 1,863,792 Pott = 60,084,000 Kub.-Meter.

Im Gegensatz zu allen früher ausgearbeiteten Projecten, welche als Schleusen-Kanäle mit einer Scheitelhaltung von

10, 20, ja 63 Fuss über Nordseefluth berechnet waren, bildete das Lentze'sche Project einen Durchstich auf Meereshöhe und zwar auf dem Pegel der Ostsee liegend, nur durch eine Schleuse gegen Fluth und Ebbe der Elbe geschlossen.

Es sind später noch zwei Projecte, welche einen Durchstich herstellen wollten, veröffentlicht worden. Eine Lübecker Nord-Ostsee-Kanal-Commission befürwortete einen Durchstich, welcher von St. Margarethen über Itzehoe, der Schmalfelder Au nach bei Oldesloe in's Travegebiet geführt werden und Lübeck berührend durch das Poetznitzer Wyk bei Travemünde die Ostsee erreichen würde. Die Dimensionen sollten dieselben sein, wie die des St. Margarethen-Eckern-Föhrde-Kanals und die Länge 16,62 Meilen betragen. Der Kanal sollte auch am östlichen Endpunkte eine, wenn auch nur in Ausnahmefällen zur Verwendung kommende Schutz-Schleuse erhalten, wie es in der von der Lübecker-Kanal-Commission im Jahre 1866 ausgegebenen Denkschrift (Seite 19) heisst und worin ferner gesagt wird, dass die Baukosten dieser Linie auf etwa das Doppelte der St. Margarethen-Eckern-Föhrde Linie veranschlagt seien und demnach etwas über 50 Millionen Thaler betragen würden. — Es sei hier erwähnt, dass in der Lentze'schen Bau-Summe von 28,192,000 ℛ︁ $4\frac{1}{2}$ pCt. Zinsen für eine sechsjährige Bauzeit einbegriffen sind.

Der andere noch zu verzeichnende Plan war das bereits erwähnte Project Husum-Eckernförde, worüber der bekannte holländische Ingenieur T. J. Stieltjes im Auftrage des Kanal-Comités der Städte Husum-Schleswig-Eckernförde einen gutachtlichen Bericht abfasste, welcher unter dem Titel „Denkschrift über einen Kanal zur Verbindung der Nordsee und Ostsee“ im Jahre 1866 im Druck erschienen ist. (Haag, bei Gebr. J. & H. van Langenhuysen.)

Herr Stieltjes empfahl auf der Linie Husum-Winnert-Schleswig-Eckernförde die Herstellung eines Durchstiches nach dem Lentze'schen Princip auf dem Pegel der Ostsee; an beiden Endpunkten sollten indessen Schleusen erbaut werden, von denen die an der Nordsee bei halber Fluth offen stehen konnten, während die Ostsee-Schleusen regelmässig geöffnet und nur dann zu schliessen seien, wenn das Niveau der Ostsee sich erheblich, resp. mehr als einen Fuss über oder unter den gewöhnlichen Stand verändern würde. Beide Schleusen-Systeme sollten das Wasser in zwei Richtungen kehren und nach beiden Seiten zur Spülung geöffnet werden können. — Da dies bei den gewöhnlichen Kammer-Schleusen nicht möglich, sollten Systeme nach holländischem Muster angewandt, resp. sogenannte Blanken-Schleusen angelegt werden. Es heisst mit Bezug hierauf in der betreffenden Denkschrift S. 59 § 44:

„Denkt man sich den Kanal von Husum nach Eckern-„förde an beiden Enden durch solche Schleusen geschlossen, „so kann man den Wasserstand im Kanal je nach dem Steigen „und Fallen der Nordsee beliebig verändern. Als gewöhnlichen „Stand nehme ich den ordinairen Ostseestand an, der 4½ Fuss „unter Husumer Fluth liegt. Eine Tiefe von 25,5 Fuss genügt „in Friedenszeiten vollkommen, selbst wenn durch Spülungen „der Kanalwasserstand um einige Fuss gesenkt werden sollte. „In Kriegszeiten kann man die Nordseefluthen in den Kanal „hineinfliessen lassen und dadurch 4½ Fuss Tiefe mehr, im „Ganzen also eine Tiefe von 30 Fuss = 9,43 Meter erhalten, „die allen Bedürfnissen im Kriege genügt.“

Herr Stieltjes glaubte, dass das Fahrwasser des Hever-Stromes durch den Kanalstrom selbst, sowie durch Anlage von Spülbassins auf den Watten und durch Herstellung von Leitdämmen verbessert und genügend tief gehalten werden könnte. In Betreff der Dimensionen schlug Herr Stieltjes vor, das Profil anfangs besonders in den Durchstichen zu beschränken und später eine Sohlenbreite von 160 Fuss bei einer oberen Breite von 320 Fuss = 100 Meter herzustellen.

Ein Kostenanschlag dieser Linie scheint nicht ausgearbeitet zu sein; der diesbezügliche Abschnitt in Stieltjes Denkschrift S. 73, giebt nur eine vergleichende Uebersicht der Baukosten verschiedener Projecte, nämlich der Petersen'schen und Christensen'schen Berechnungen mit einigen Positionen des Lentze'schen Kostenanschlages, wonach Herr Stieltjes annahm, dass in Bezug auf Grunderwerb, für welchen der Geheime Oberbaurath Lentze bei seinem Project 493 Morgen pro Meile rechnete, 800 Morgen pro Meile nothwendig sei. Ferner erscheinen Herrn Stieltjes die Erd- und Baggerarbeiten bei welchen Herr Lentze 7,7 Sgr pr. Pott veranschlagt, mit 10 Sgr pr. Pott nicht zu hoch angenommen.

Hiemit ist die Aufzählung der verschiedenen Pläne beendet und würden wir uns nur noch im Princip zu entscheiden haben, ob ein Schleusen-Kanal, d. h. mit *Scheitelhaltung* und *Zwischen-Schleusen* dienen kann oder ob ein reiner *Durchstich* vorzuziehen sei.

Die Reihenfolge der angeführten Kanal-Projecte giebt uns ein Bild der stets zunehmenden Verkehrsgestaltung, da auf Grund dieser sich die Pläne immer mehr entwickelten und stets erweiterte Dimensionen annahmen. Vergegenwärtigt man sich, welche Anforderungen heutzutage in Anbetracht des *Zeitwerthes* an unsere Verkehrs-Anstalten gestellt werden, so wird man zu der Ueberzeugung gelangen, dass ein Kanal mit Zwischenschleusen den jetzigen Bedürfnissen nicht mehr genügen kann. Die Zeit hat insbesondere für die Schiffer grossen Werth, auch bei der allerbesten Einrichtung würde die Passage einer Reihe von *Schleusen* immer zu viel Aufenthalt beanspruchen, den Schiffern stets lästig bleiben und bei einem Verkehr, wie solcher hier zu erwarten steht, oft Störungen verursachen.

Der Plan eines Durchstiches ist denn auch in neuerer Zeit, wie wir nach den zuletzt entstandenen Projecten annehmen können, entschieden bevorzugt, wobei auch von fachmännischer Seite geltend gemacht worden ist, dass bei dem in Aussicht stehenden Verkehr für die Speisung eines Schleusen-Kanals ohnehin, wenigstens zeitweise ungenügende Wasservorräthe vorhanden sein würden.

Der Ingenieur Stieltjes spricht sich hierüber in seiner Denkschrift Seite 43 wie folgt aus:

„Bei Beantwortung dieser Frage kommt es darauf an, ob auch in den trockensten Monaten der trockensten Jahre und bei ganz unerwarteter Ausbreitung des Handels, Wasser genug auf dem Scheitelpunkt vorhanden ist, um immer den Kanal vollständig zu speisen? Wäre dies der Fall, so würde allerdings die Nothwendigkeit mehrerer Schleusen wegen des Zeitverlustes und der Möglichkeit einer gänzlichen Hemmung der Fahrt bei Reparaturen dieser Schleusen ein Uebel bleiben; aber doch könnte eine grosse Ersparung am Anlage-Capital vielleicht diesen Uebelstand aufwiegen und bin ich auch, obgleich in den verschiedenen betreffenden Schriften die Nachtheile eines Schleusenkanals zu wenig hervorgehoben sind, der Aufenthalt beim Durchschleusen zu kurz berechnet, die Speisung mit Dampfmaschinen als zu leicht dargestellt ist etc., doch im Princip keineswegs gegen jeden Schleusenkanal. Wäre nur Wasser im Ueberfluss vorhanden, so würde man, wenn zwei Schleusen neben einander nicht genügten, drei oder vier Schleusen zu einem Schleusensystem vereinigen können. Im vorliegenden Fall aber halte ich einen Schleusenkanal für nicht möglich und schliesse mich daher unbedingt dem Lentze'schen Princip eines reinen Durchstichs an."

Herr Stieltjes sagt ferner, dass nach seiner Meinung der Wasserbedarf eines Kanals, wie der in Rede stehende, wenigstens auf 10 Kub.-Meter = 323 Kub.-Fuss pro Secunde oder 7800 Millionen Kub.-Fuss pro 280 Schiffahrtstage zu veranschlagen sei und dass bei einem Kanal, der jährlich, vielleicht schon nach einiger Zeit von 25000 Schiffen und möglicherweise später von 40000 Schiffen benutzt werden wird, es öfter vorkommen mag, dass $^1/_{120}$ — $^1/_{100}$ dieser Schiffe oder 200 bis 400 an einem Tage durchfahren könnten.

Das Urtheil des Herrn Stieltjes, einer allgemein anerkannten Capacität im Ingenieurfach, ist gewiss höchst beachtenswerth; die in dessen Denkschrift ausgesprochenen Ansichten sind um so mehr zu berücksichtigen als solche sich auf Grund einer sorgfältigen Prüfung älteren, reichhaltigen Materials bilden konnten. Wird demnach von der Erbauung eines Schleusenkanals abgesehen, so steht die Frage zu erledigen, auf welcher Linie ein Durchstich in finanzieller Beziehung zu empfehlen ist.

In Rücksicht hierauf heisst es in der mehrerwähnten Schrift Seite 49:

„Ist einmal das Princip eines reinen Durchstichs angenommen, so beschränkt sich die Vergleichung auf diejenigen Linien, in welchen dieser Durchstich finanziell ausführbar ist. Es bleibt daher die Hanse'sche Linie jedenfalls bei unserer Betrachtung ausgeschlossen. In der Kieler Linie würde ein reiner Durchstich, bei dem angenommenen Profil, schon eine Erdbewegung von 3 Millionen Pott oder 95 Millionen Kub.-Meter nothwendig machen; eine Masse, welche bei Anwendung des grösseren Lentze'schen Profils, bedeutend sich steigern und vielleicht bis 3½ Millionen Pott oder

111 Millionen Kub.-Meter betragen würde. Es scheint mir aber diese Linie keine so überwiegende Vortheile zu bieten, dass ein so grosser Kostenaufwand sich rechtfertigen liesse und bleiben daher nur zwei Linien übrig, in welchen der Durchstich möglich ist:"

1) Eine Lentze'sche Linie.
2) Eine etwas geänderte Peterson'sche Linie (Husum-Schleswig-Eckernförde).

Es ist uns aber bekannt, (siehe Einleitung) dass man in massgebenden Kreisen eine Kanal-Linie bevorzugen wird, welche eine mehr directe das offene Meer möglichst vermeidende Verbindung der kaiserlichen Marinehäfen — Kiel und Wilhelmshafen — herstellt.

Aus diesem Grunde schon kann also Husum als westlicher Mündungspunkt nicht mehr in Betracht kommen, und bleibt demnach nur die Wahl ein Terrain zwischen der Elbe und der Kieler Bucht aufzusuchen, auf welchem ein Durchstich mit nicht zu bedeutenden Opfern möglich ist.

Die Kanal-Linie

von der Elbmündung nach der Kieler-Bucht, mit Benutzung des Eidergebiets von Wittenberge-Rendsburg bis Steinrade.

(Die Terrain-Beschreibung der Strecke zwischen Elbe und Obereider erfolgt im Anhang durch einen Auszug aus dem Christensen'schen technischen Bericht.)

In Anbetracht der in der Einleitung bereits erwähnten Anforderungen:

a. im militärischen Interesse,
b. für die Verkehrs- und Handels-Interessen,
c. im landwirthschaftlichem Interesse,
d. in finanzieller Beziehung,

müsste ein, — in der obenbezeichneten Richtung, in einer auf 50 Meter-Wässerfläche, bei 6½ Meter Tiefe unter Ostseespiegel beschränkten Dimension, als Durchstich mit Endschleusen, hergestellter und auf — über Höhe der Nordseefluthen eingedämmter Kanal — allen Ansprüchen genügen können.

a. Damit die Befahrung des Kanals von Kriegsfahrzeugen bis zur Grösse und dem Tiefgang der sog. Ausfall-Corvetten jederzeit ohne besondere Vorrichtung erfolgen kann, hätten diese Schiffe ihren vollen Kohlen-Bedarf stets erst nach zurückgelegter Durchfahrt an den Mündungen einzunehmen und dürfte dann ein Kanal-Wasserstand von 6½ Meter oder 21 Fuss ausreichend sein.

Um die Durchfahrt von Schiffen der Kriegs-Marine grösster Gattung auf dieselbe Weise zu ermöglichen, wäre dagegen ein Wasserstand von 8 Meter = 25,5 Fuss nothwendig. Es hätten demnach Dämme den Kanal an beiden Seiten zu begleiten, auch wären die Böschungen danach einzurichten, dass man den Wasserstand des Kanals zeitweise um 1½ Meter durch das Fluthwasser der Elbmündung also bis auf 8 Meter erhöhen könnte.

Der mittlere Ostseespiegel liegt ca. 1½ Meter unter Nordsee-Fluth an der Elbmündung und etwa ebensoviel über Nordsee-Ebbe, welche Veränderungen täglich zwei Mal eintreten; ausserdem haben wir zwei Mal im Monat eine höhere Fluth, die Springfluth, welche im Kriegsfalle, neben der dem Kanal durch die Eider etc. zufliessenden Wasser-Masse, dazu benutzt werden könnte, wenn die Kanal-Dämme und deren Böschungen danach hergestellt werden, den Kanal-Wasserstand noch um ein Beträchtliches aufzustauen und zeitweise für die Durchfahrt grösster vollausgerüsteter Kriegsschiffe höher zu halten.

Auf diese Weise würde der auf Meereshöhe ausgeführte Durchstich, allerdings ein Schleusen-Kanal mit Haltung werden. — Da jedoch die Aufstauung durch innere Zuflüsse oder durch die Fluthen der Elbe nur in Kriegszeiten geschieht, wo der Kanal der Handelsschifffahrt, doch verschlossen wird, sind die Nachtheile, welche durch die höhere Wasserhaltung herbeigeführt werden, nicht von Bedeutung.

Für das zeitweilige und ausschliesslich auf das von Schiffen der Kriegs-Marine beschränkte Durchschleusen ist, auch bei einer erheblichen Aufstauung über Fluthhöhe der Elbe, jedenfalls stets Wasservorrath genug vorhanden.

Da der Kanal im Kriegsfalle für Handelsfahrzeuge geschlossen bleibt, darf eine Minimal-Breite von 50 Meter als Marine-Kanal wohl ausreichend erachtet werden.

b. Wenn auch Zwischenschleusen der Handels-Schifffahrt durch Zeitverlust hinderlich wären, so wird ein Schleusen-Abschluss an beiden Kanal-Mündungen die Schifffahrt nicht wesentlich aufhalten, da bei normalen Niveau-Verhältnissen und 6 Meter tiefer Kanal-Sohle unter Ostsee, die östliche Schleuse ohnehin geöffnet bleiben könnte.

Bei anhaltendem Senken oder Steigen der Ostsee empfiehlt sich vielmehr der östliche Schleusen-Abschluss, um Strömungen zu vermeiden, die der Schifffahrt nachtheilig, besonders die Schleppschifffahrt beeinträchtigen würden.

Ein in der Eckernführder Bucht mündender Kanal könnte allerdings der Handelsschifffahrt grössere Vortheile gewähren, da solcher ca. $1^3/_4$ Meilen kürzer wird, wie bei der nach der Kieler Bucht gelegten Mündung; auch hält sich die Eckernführder-Bucht, wie dies noch im letzten Winter beobachtet worden, etwas länger — und wird früher — eisfrei.

Dagegen ist nicht zu verkennen, dass die Kieler Bucht, wieder andere Vortheile, z. B. den der geschützteren Rhede etc., darbietet.

Die Handelsschifffahrt gebraucht nur eine Wassertiefe bis zu 6 Meter und wird eine obere Kanal-Breite von 50 Meter mehr als genügen, wenn die, den Kanal passirenden Segelschiffe bugsirt, resp. durch Tauerei befördert werden.

Nach dem Brunsbüttel-Kieler Project war bei einer in Aussicht genommenen Frequenz von 25,000 bis zu 36,000 Schiffen jährlich, das Profil des Kanals auf:

160 Fuss	= 50	Meter	obere Breite —
64 „	= 20	„	Sohlen-Breite und
25 „	= 7,85	„	Tiefe

bemessen. Die Tiefe war jedoch nur in Rücksicht auf die Kriegs-Marine projectirt.

Der Suez-Kanal hat bei

einer obern Breite von . .	172-320	Fuss	=	54-100	Meter
und einer Sohlen-Breite von	70	„	=	22	„
eine Tiefe von	25,5	„	=	8	„

Indessen gehen die in der Indischen Fahrt befindlichen grossen Dampfer bis 6½ Meter tief, während Schiffe solchen Tiefgangs im Verkehr mit der Ostsee nicht vorkommen.

Der Hamburger Schifffahrt steht z. B. im Elbstrom bei Blankenese nur eine Wassertiefe von 6 Meter bei Hochwasser (voller Fluth) zu Gebote.

Es ergiebt sich hieraus, dass für die Handelsschifffahrt ein Durchstich in der Linie St. Margarethen-Eckern-Föhrde von selbst nur **4—4½** Meter unter Ostseestand genügen könnte, wenn man den Kanal an beiden Mündungen durch Schleusen abschliessen und entsprechend über Fluthhöhe eindämmen würde.

Mit Benutzung der Nordsee-Fluthen und der Wasserzuflüsse des auf 7½ resp. 9 □-Meilen zu veranschlagenden Stromgebietes der Eider etc. lässt sich sonach eine verhältnissmässig wenig kostspieliger Schleusen-Kanal mit einer Haltung von 1½—2 Meter über Ostsee und einer Tiefe von 6 Meter herstellen.

Die beständige Benutzung der vollen Fluth wäre bei derartiger Ausführung des Kanals kaum nothwendig, da die zum Aufstauen und Durchschleusen verwendbaren Zuflüsse im Kanal selbst, wie in der Kieler „Denkschrift über den grossen Norddeutschen Kanal etc." angegeben, sich auf Netto rund 3500 Millionen Kubikfuss pro Jahr berechnen, was ja ohnehin für den Betrieb eines Schleusen-Kanals mit 24 Fuss hoher Scheitelhaltung genügen sollte.

Einer Versandung der westlichen Kanal-Mündung durch Elbwasser könnte bei solchem Wasservorrath wohl durch Spülung entgegengearbeitet werden.

c. Für die Landwirthschaft und Bodenkultur des nordwestlichen Holsteins wird der Kanal von nicht zu unterschätzender Bedeutung. Die Scheitelhaltung des bestehenden Eider-Kanals liegt 24 Fuss über den gewöhnlichen Ostseestand. Ein Durchstich in der Richtung zwischen den Eider-Seen und Holtenau muss demnach bedeutende Entwässerungen des ganzen Eider-Gebietes herbeiführen können.

Die Herstellung von Dämmen in den Marsch-Niederungen wird den Grundbesitzern vielfach Gelegenheit geben, durch entsprechende Hebevorrichtungen den Kanal als Abzugsgraben zur Entwässerung ihres Landes mit Vortheil zu benutzen.

d. Ein genereller Vergleich der, in den betreffenden Linien, zu bewegenden Erdmassen bei verschiedenen Profilen wird uns zeigen, dass der Kanal in der obenbezeichneten Richtung bei vorgedachter Ausführung, in beschränkter aber ausreichender Dimension kein allzuhohes Bau-Kapital beansprucht.

Die mittlere Terrain-Höhe in der Linie St. Margarethen-Eckern-Föhrde beträgt 10,2 Fuss = 3,20 Meter über Ostsee und ist in dem Lentze'schen Project eine obere Kanal-Breite von 224 Fuss = ca. 71 Meter, eine Sohlen-Breite von 76 Fuss = 23,9 Meter, bei 31 Fuss = 9,73 Meter Tiefe unter Ostseespiegel in Berechnung gezogen. Es ergeben die Erdarbeiten nach Position II des betreffenden Kosten-Anschlages ein Quantum von 13,253,636 Schachtruthen, für welche incl. Befestigung der Kanal-Böschungen und der Leinenpfade, sowie Bezeichnen des Fahrwassers in den Eider-Seen 14,387,171 ℛ︎ℊ ausgeworfen sind.

Würde man das Kanal-Profil nun auf eine Breite von 50 Meter und entsprechender Sohlen-Breite bei einer 6½ Meter (20¾ Fuss) tiefen Aushebung unter Ostseespiegel einschränken, so dürfte nach oberflächlicher Schätzung, die zu bewegende Erdmasse auf $^4/_7$ des vorangegebenen Quantums sich reduciren, was auf der Linie St. Margarethen-Eckernföhrde einer Ersparniss von über 6 Millionen Thaler gleichkäme.

Die Denkschrift des Geh. Oberbaurath Lentze giebt uns über die Beschaffenheit des Terrains und die Grösse der auszuhebenden Erdmassen in den Linien zwischen den Eider-Seen resp. Steinrade-Eckern-Föhrde und Steinrade-Kieler-Bucht genügenden Aufschluss; es heisst z. B. auf Seite 5:

„Dagegen ist die Kieler-Föhrde nur unter sehr „erschwerenden Umständen mit dem Kanal zu erreichen. „Sie ist von dem Punkte, wo die Richtung nach der „Eckern-Föhrde bei Steinrade die Eider verlässt, durch „ein drei Meilen breites Hochland geschieden. Der

„bestehende Eider-Kanal überschreitet dieses Hochland „auf einem Wege von vier Meilen Länge, indem er in „den engen kleineren Thälern an dem westlichen Abhange „des Hochlandes mit zwei Schleusen hinauf und an dem „östlichen mit drei Schleusen hinabsteigt. Es windet sich „dabei in viel kürzeren Krümmungen als ein Kanal für „die grosse Schifffahrt verfolgen kann.

„Wollte man dieses Hochland für den beide Meere „verbindenden Schiffskanal durchstechen, so ist in der „dafür günstigsten, örtlich ermittelten Linie von 3¼ Meilen „Länge für die Eröffnung eines Schiffskanals der hier „entworfenen Abmessungen der Breite und Tiefe, nach „dem generell ausgeführten Nivellement, eine Erdmenge „von 8,162,000 Schachtruthen auszuheben. — Dagegen „hat die ausgeführte Messung der Linie nach der Eckern-„Föhrde deren Inhalt zu 3,643,639 Schachtruthen ergeben. „Gleichmässig veranschlagt, beläuft sich das Ausheben „und Beseitigen der Erde für die Linie nach der Kieler-„Föhrde auf . . . . 9,711,166 *ℛ*
„und für die Linie nach der Eckern-Föhrde 3,016,061 „
„daher für erstere mehr . . . . . . 6,695,105 *ℛ*."

Wenn wir die obenangegebene Erdmenge von 3,643,639 Schachtruthen der Strecke Steinrade-Eckern-Föhrde von dem vorerwähnten Quantum der ganzen Linie St. Margarethen-Eckern-Föhrde abziehen, bleibt für den Theil von der Elbe bis nach Steinrade . . . . 9,609,997 Schtr.
hierzu die 3¼ Meilen lange Aushebung zwischen Steinrade und der Kielerbucht mit 8,162,000 „
so beträgt die zu bewältigende Masse bei einer Kanalmündung in der Kielerbucht im Ganzen . . . . 17,771,997 Schtr.

Eine Beschränkung des Profils auf 50 Meter Breite und 6½ Meter Tiefe ergiebt indessen eine etwa um 3/7 geringere Erdbewegung und verbleiben sonach rund zehn Millionen Schachtruthen oder rund drei Millionen Schachtruthen weniger als bei dem grösseren Profil in der Richtung auf die Eckern-Föhrde fortbewegt werden müssten, was bei dem veranschlagten Durchschnittssatz von ca. 1,1 ₰ pro Schachtruthe (incl. Befestigung der Böschungen etc.) und nach Abzug der Mehrkosten, welche durch den grösseren Grunderwerb und die weitere Ausdehnung der Kanal-Böschungen entstehen noch einen Minderbedarf an Bau-Kapital um etwa drei Millionen Thaler gegen die Bausumme herbeiführt, welche ein nach dem Lentze'schen Project ausgeführter Kanal erfordern würde.

Ausserdem wird eine Bau-Ausführung in der erwähnten geringeren Dimension noch manche Ansätze des Lentze'schen Kosten-Anschlages erheblich reduciren, da bei einer Tieflegung der Kanalsohle von 31 Fuss gewiss höhere Arbeits-Sätze in Anschlag zu bringen sind, auch die Herstellung von Hafen-Anlagen, der Dämme, Futtermauern, bei zunehmender Tiefe grösseren Schwierigkeiten begegnet und dadurch vielleicht ganz bedeutende Mehrkosten verursacht.

Dagegen werden hinzutreten die Kosten — einer zweiten Schleuse — für drei weitere Bahn-Ueberführungen und für — die Herstellung höherer Kanal-Ufer wie solche stellenweise vielleicht projectirt waren — die grössere Versicherung der Dämme — die höhere Befestigung der Kanal-Böschungen etc.

Demungeachtet lässt sich aus dem Vorgehenden wohl abnehmen, dass ein nach der Kielerbucht geführter, gleichzeitig den Interessen — der Marine — der Handelsschifffahrt und der Landwirthschaft — dienender Kanal bei angedeuteter Ausführung finanziell keine allzugrossen Opfer erfordert.

Der Sund-Verkehr
von 1875 bis 1878.

Die nachstehende Uebersicht enthält diejenigen Schiffe, welche als

„Kronborg's Flaggen-Batterie passirt"

gemeldet waren.

Im Jahre 1875

nordwärts	12052	Segelschiffe	und	3625	Dampfer
südwärts	12131	„	„	3375	„
	24183	Segelschiffe	und	**7000**	**Dampfer**
			im Ganzen	31183	Schiffe

Im Jahre 1876

nordwärts	13214	Segelschiffe	und	3559	Dampfer
südwärts	12736	„	„	3529	„
	25950	Segelschiffe	und	**7088**	**Dampfer**
			im Ganzen	33038	Schiffe

Im Jahre 1877

nordwärts	14340	Segelschiffe	und	4440	Dampfer
südwärts	13450	„	„	4350	„
	27790	Segelschiffe	und	**8790**	**Dampfer**
			im Ganzen	36580	Schiffe

Im Jahre 1878

nordwärts	13880	Segelschiffe	und	4470	Dampfer
südwärts	13620	„	„	4700	„
	27500	Segelschiffe	und	**9170**	**Dampfer**
			im Ganzen	**36670**	Schiffe

In folgender Tabelle ist der Raum-Gehalt des Schiffs-Verkehrs vom Jahre 1878 „nach den Flaggen" auf Grundlage der Durchschnittsgrössen, welche die Statistik resp. eine annähernde Schätzung*) für die einzelnen Nationalitäten ergeben hat, nach Register-Tons berechnet.

In Tabelle II sind die Schiffe, welche „ohne gezeigte Flagge und Nachts" passirten, nach dem „Antheil der Flaggen" den nach Nationalität gemeldeten, hinzugerechnet.

*) M. s. „Die Ertragsfähigkeit e. sch.-holst. Kanals (Seite 60)".

Tabelle I.

Nationalität	Segelschiffe	Dampfer	Durchschnitts-Grösse in Netto-Reg.-Tons Segler	Durchschnitts-Grösse in Netto-Reg.-Tons Dampfer	Raum-Gehalt der Segler in Reg.-Tons	Raum-Gehalt der Dampfer in N.-Reg.-T	Total in Reg.-Tons
Dänische	2846	1699	125	450	355750	764550	1120300
Norwegische	4835	293	300	250	1450500	73250	1523750
Schwedische	2659	606	220	400	584980	242400	827380
Russische	1305	122	300	400	391500	48800	440300
Deutsche	4224	549	225	350	950400	192150	1142550
Englische	1822	2108	200	610	364400	1285880	1650280
Holländische	1417	185	130	400	184210	74000	258210
Französische	489	24	200	400	97800	9600	107400
Oesterreichische	36	1	à	500	18000	500	18500
Amerikanische	43	7			21500	3500	25000
Verschiedene	37	7	Ungef. Durchschnitt obiger Ziffern		18500	3500	22000
Ohne gehisste Flagge	4300	816	250	440	1075000	359040	1434040
Nachts passirte Schiffe	3487	2753	250	440	871750	1211320	2083070
	27500	9170			6,384,290	4,268,490	10,653,780

Tabelle II.

Nationalität	Segelschiffe	Dampfer	Durchschnitts-Grösse in Netto-Reg.-Tons Segler	Durchschnitts-Grösse in Netto-Reg.-Tons Dampfer	Raum-Gehalt der Segler in Reg.-Tons	Raum-Gehalt der Dampfer in Reg.-Tons	Total in Reg.-Tons
Dänische	3966	2783	125	450	495750	1252350	1748100
Norwegische	6749	482	300	250	2024700	120500	2145200
Schwedische	3713	994	220	400	816860	397600	1214460
Russische	1817	202	300	400	545100	80800	625900
Deutsche	5895	894	225	350	1326375	312900	1639275
Englische	2539	3441	200	610	507800	2099010	2606810
Holländische	1964	304	130	400	255320	121600	376920
Französische	679	38	200	400	135800	15200	151000
Oesterreichische	51	4			25500	2000	27500
Amerikanische	64	14	à	500	32000	7000	39000
Verschiedene	63	14			31500	7000	38500
	27500	9170			**6,196,705**	**4,415,960**	**10,612,665**

pro 1877 ergab diese Berechnung:

(m. s. „Die Ertragsfähigkeit e. sch.-holst. Kanals“ S. 62/63)

27790	8790	**6,185,730**	**4,097,403**	**10,283,133**

Die Frequenz des Eider-Kanals
im Jahre 1878.

Es passirten Seefahrzeuge:

von der Nordsee nach der Ostsee:

unter deutscher Flagge	. . . .	1203 Schiffe	
„ niederländ. „	. . . .	103 „	
„ englischer „	. . . .	102 „	
„ schwedischer „	. . . .	21 „	
„ dänischer „	. . . .	9 „	
„ italienischer „	. . . .	1 „	
			1439 Schiffe

von der Ostsee nach der Nordsee:

unter deutscher Flagge	. . .	840 Schiffe	
„ niederländ. „	. . .	101 „	
„ englischer „	. . .	89 „	
„ schwedischer „	. . .	18 „	
„ dänischer „	. . .	9 „	
			1057 „
		im Ganzen	2496 Schiffe

Ausserdem haben sog. kleine Flussschiffe den Verkehr zwischen Tönning und Rendsburg und zwischen Rendsburg und Holtenau vice versa unterhalten, deren Anzahl sich auf etwa 1000 bis 1500 beziffern lässt.

Die Rentabilität.

Man begegnet öfter — besonders in Kreisen, welche für Schifffahrts-Verhältnisse weniger Verständniss besitzen — der Ansicht, dass ein die Nord- und Ostsee verbindender Kanal, lediglich durch den Transit-Verkehr der Handels-Schifffahrt sich schwerlich werde bezahlt machen; es sei, so meint Mancher, der Nutzen für Handel und Schifffahrt, — der Gewinn an Zeit durch Abkürzung des Seeweges — nicht bedeutend genug, um entsprechend hohe Kanal-Abgaben von der Schifffahrt erheben zu können; — die Schiffer würden Anstand nehmen eine Kanal-Gebühr in der nöthigen Höhe zu entrichten und die alte offene Strasse, — den freien Weg um Skagen vorziehen! —

Man glaubt auch, die Kanal-Anlage könne, durch unvorhergesehene Ereignisse, eine verhältnissmässig zu kostspielige werden, um noch Aussicht auf eine ausreichende Rente zu lassen; — man stellt Vergleiche an mit dem Suez-Kanal und befürchtet die Schwierigkeiten und erheblichen Mehrkosten, welche sich bei diesem Unternehmen herausgestellt haben, könnten auch beim Nord-Ostsee-Kanal eintreten.

Der Suez-Kanal ist indessen in seiner Ausführung von solcher Grossartigkeit, dass ein Vergleich mit einem durch Holstein herzustellenden Kanal, überhaupt nicht statthaft erscheint.

Die Schwierigkeiten, welche bei der Herstellung des Suez-Kanals zu überwinden gewesen sind, waren besonderer Natur. Nicht die Grösse der zu bewältigenden Erdmasse bildete das wesentlichste Hinderniss, sondern lag der Schwerpunkt darin, dass der Kanal durch eine Wüste gebaut werden musste, — in der Bodenbeschaffenheit des Landes, welche sowohl Flugsand und weiches Erdreich, als hartes Gestein und feste Conglomerate aufwies, bei denen Baggermaschinen zum Theil sich gar nicht anwenden liessen — ferner in den klimatischen Verhältnissen — dem gänzlichen Wassermangel. —

In einer Beschreibung des Suez-Kanal-Baues heisst es wohl nicht mit Unrecht:

„Verderben bringend strahlt die Sonne von dem meist unbewölkten Himmel herab und verzehrt auch noch die spärlichen Reste von Feuchtigkeit, die auf dem Wüstenboden eine unscheinbare Vegetation von Dornengewächsen genährt hatten etc.“

Es musste erst ein Süsswasserkanal gebaut werden, ehe man an die energische Inangriffnahme eines grossen Theiles der eigentlichen Kanalisirungs-Arbeit denken konnte, um zuvor die ganze Strecke bis Suez mit Trinkwasser zu versorgen.

Der Bau des Suez-Kanals nahm zehn Jahre in Anspruch; in der ersten Hälfte dieses Zeitraums soll indessen nur durch Menschenhand geschafft worden und später erst sollen Baggermaschinen in Anwendung gekommen sein, deren Transport dorthin und Unterhaltung gewiss recht kostspielig gewesen ist.

Bei einem täglichen Verbrauch von 10—12,000 Centner Kohlen, wie solchen die Unternehmer der Erdarbeiten beim Suez-Kanal gehabt haben, ist ein hoher Preis des Heizungsmaterials immerhin von Bedeutung. Der Suez-Kanal ist $21^2/_3$ geogr. Meilen lang, — der Unsrige würde kaum eine Länge von 13 Meilen erhalten.

Wir haben überhaupt mit weniger gewichtigen Factoren zu rechnen; die Herstellung des Nord-Ostsee-Kanals erfordert keine grossartigen und besonders schwierigen Wasserbauten

— keine Seedämme wie bei Ymuiden — keine 2000 Meter lange Moolen wie bei Port Saïd.

Es könnten in der Eiderstrecke auf ca. vier Meilen sofort Baggermaschinen in Betrieb treten; diese werden in neuerer Zeit von solcher Leistungsfähigkeit hergestellt, (z. B. sollen beim Suez-Kanalbau Maschinen mit täglicher Förderung von 2000 Kubik - Meter in Thätigkeit gewesen sein), dass — wenn bei der vorgeschlagenen geringeren Tieflegung der Kanalsohle, wie anzunehmen nur ein Erd-Quantum von etwa 45 Millionen Kubik-Meter zu bewältigen bleibt, — sich die Bauzeit des Nord-Ostsee-Kanals bei genügendem Maschinen-Betrieb recht gut auf kaum die Hälfte derjenigen des Suez-Kanals bemessen lässt; bei Letzterem sollen allein in den letzten drei Baujahren 45 Millionen Kubik-Meter ausgehoben und bei Seite geschafft worden sein.

Was nun die Abkürzung des Seeweges und die Höhe der Kanal-Abgabe anbetrifft, so wollen wir hier den Suez-Kanal zu einem Vergleich benutzen. Es mag freilich gesagt werden, der Suez-Kanal leiste weit mehr, da durch ihn der Weg nach Indien und China „um die Umfahrt eines ganzen Welttheils“ und um Tausende von Seemeilen abgekürzt sei.

Was der Suez-Kanal dem wirklichen Welthandel leistet, kann auch nicht annähernd durch den Nord-Ostsee-Kanal erreicht werden und sollen für denselben derartige Vorzüge auch nicht geltend gemacht werden; allein das Verhältniss — der Abkürzung des Seeweges, zur Höhe der Kanal-Abgabe — die Generalkosten eines in Fahrt befindlichen Schiffes, zum Werthe der gewonnenen Zeit — darf unserer Berechnung wohl vergleichsweise als Massstab dienen.

Es beträgt z. B. der Seeweg von Southampton oder Hâvre

		um das Cap		via Suez	Abkürzung
nach Zanzibar	ca.	8000 Seemeilen	ca.	6000 Sm.	2000 Sm.
„ Singapore	„	11800 „	„	8100 „	3700 „
„ Hongkong	„	13200 „	„	9500 „	3700 „

Ein Frachtdampfer — wir wollen hier nur die Dampfschifffahrt in Rechnung ziehen — macht durchschnittlich 8 Seemeilen pro Stunde oder in einem Tage etwa 200 Seemeilen; demnach ergiebt sich für die Reise nach obigen Plätzen ein Zeitgewinn von 10, resp. 18½ Tagen.

An Gebühren für die Benutzung des Suez-Kanals werden exclusive Lootsen-Kosten etc. z. Z. 12 Francs per Ton-Register*) für die mit dem besonderen Kanal-Messbrief versehenen Schiffe erhoben, wobei zu bemerken, dass jedes Schiff, welches diesen Messbrief nicht besitzt, in erheblich höhere Kosten verfällt**) und alle Schiffe über 50 Tons verpflichtet sind, für die Fahrt durch den Kanal einen Piloten anzunehmen; auch muss für jeden Passagier 10 Frcs. bezahlt werden.

Dagegen ist (man siehe „Die Ertragsfähigkeit etc." Seite 20) die Abkürzung des Seeweges zwischen der Nord- und Ostsee per Kanal:

von der Themse-Mündung auf 204 Seemeilen

von der Elb- u. Weser-Mündung auf 387 Seemeilen

und der Zeitgewinn danach auf — mindestens 21 Stunden für schnelle Dampfer und auf 26 Stunden für Frachtdampfer — berechnet; es wird demnach hier nur etwa ein Zehntel der Reise-Abkürzung, welche der Suez-Kanal herbeiführt, gewonnen und dürfte in Anbetracht der Gesammt-Kosten der Schiffe während der Fahrt — an Proviant, Gagen, Assecu-

*) incl. 2 Frc. surtaxe. **) 14 Frc. incl. der vollen surtaxe.

ranz-Prämie, Zinsen und Abnutzung — für Benutzung des Nord-Ostsee-Kanals etwa ein Zehntel der Suez-Kanal-Gebühr oder etwa 1 Mark pro Ton-Register in Anschlag zu bringen sein.

Obgleich nun die General-Kosten der nach Indien und China fahrenden Dampfschiffe, weil solche vielleicht theurer gebaut und besser ausgerüstet sind, höher sein mögen, als bei den zwischen der Nord- und Ostsee verkehrenden Dampfern, so liegt beim Nord-Ostsee-Kanal doch noch für die Dampfschiffe der regelmässigen Fahrt ein nicht zu unterschätzender Vortheil darin, dass die Reise bis zu den Kanal-Mündungen immer nur eine kurze, mit ziemlich sicherer Zeitgrenze bleibt und dieselben daher im Stande sein werden, — um Laderaum zu gewinnen — ihre Kohlenbunker einzuschränken, da die Auffüllung derselben ohne wesentlichen Aufenthalt stets an den Mündungen des Kanals wird geschehen können.

Der Segelschifffahrt bietet der Suez-Kanal keine Vortheile, wenigsten den Schiffen nicht die vom atlantischen Ocean kommen oder sofern solche nicht nach einem Mittelmeer-Hafen bestimmt sind. — Das Mittelmeer wie das Rothe-Meer sind der Segelschifffahrt ungünstig; das Erstere öfter durch Windstillen, das Andere durch die Enge der Fahrstrasse, die den Schiffen das Aufkommen gegen conträre Winde erschwert.

Dagegen kann der Nord-Ostsee-Kanal der Segelschifffahrt im Allgemeinen und stets dann von grossem Nutzen sein, wenn ein günstiger Wind den Schiffen gestattet, die Kanal-Mündung schnell zu erreichen, was bei der Kürze der Reise in der Nord- oder Ostsee eher zu erwarten ist.

Die Führer von Segelschiffen, welche nach der Ostsee bestimmt, von einem englischen Orderhafen kommen und bei Texel günstigen Wind nach der Elbe antreffen, werden ohne Zweifel diesen Cours einhalten, um den Kanal selbst bei hoher Gebühr zu benutzen, da denselben die Hoffnung bleibt, dass der Wind durchsteht und dieselbe Windrichtung ihnen zur baldigen Erreichung ihrer Bestimmungsorte in der Ostsee dienen kann. — Jedenfalls ist bei einer Umsegelung des Skagen, da hierzu eigentlich stets verschiedene Windrichtungen nothwendig sind, das Risico grösser, dass zur Reise von einem Meere in das andere — Wochen — gebraucht werden.

Wir wollen indessen bei unseren Verkehrs-Berechnungen das grössere Gewicht auf die Benutzung des Kanals durch die Dampfschifffahrt legen, umsomehr als der Uebergang von der Segelschifffahrt zur Dampfschifffahrt sich recht schnell zu vollziehen scheint und auch das Suez-Kanal-Unternehmen nur durch die Dampfschifffahrt zu einer Prosperität gelangt ist.

Auf Seite 37 haben wir gesehen, dass die Dampfschifffahrt zwischen beiden Meeren in den letzten 4 Jahren sich um mehr als 25 pCt. gehoben und die Anzahl der passirten Dampfer im vorigen Jahre die Höhe von — 9170 — erreicht hat; man darf demnach wohl annehmen, dass nach Vollendung des Kanals bei einer Bauzeit von 6 Jahren, sich der Verkehr bei gleichem Steigerungs-Verhältniss auf mindestens 12,000 Dampfer belaufen wird.

Der Netto-Raumgehalt der zur Zeit in der Nord-Ostsee-Fahrt befindlichen Dampfer beziffert sich nach unserer Berechnung (s. Seite 39) auf 4,415,960 Tons; derselbe müsste bei der angenommenen Vermehrung der Dampfer-Anzahl in etwa 6 Jahren zum wenigsten ein Drittel grösser sein, also rund etwa 6 Millionen Netto-Register-Tons betragen.

Der Raumgehalt der durch den Sund jährlich passirenden Segelschiffe ergiebt zur Zeit nach vorhergehender Schätzung

— 6,196,705 Register-Tons. —

Wenn auch die Anzahl der Segelschiffe im vorigem Jahre sich etwas vermindert hat, so ist doch bis zum Beginn des Kanal-Betriebes keine wesentliche Abnahme der Tons-Zahl anzunehmen, da der durchschnittliche Raumgehalt der Schiffe sich beständig vergrössert (m. s. die Tabelle Seite 68 und 70) und nach der wachsenden Zunahme, welche die Sundschifffahrt in den letzten 20 Jahren erfahren hat, sich eine fortwährende Steigerung des Verkehrs erwarten lässt.

Die Abgabe, welche die Schiffe noch mit Nutzen für die Passage des Kanals entrichten können, haben wir bisher (m. s. die ausführl. Berechnung in der früheren Schrift „Die Ertragsfähigkeit etc.“ Seite 26—31) mit 1 Mark pro Ton Register für beladene Schiffe und 50 Pfennige für Schiffe in Ballast angenommen und den Antheil Letzterer auf Grund statistischer Daten auf 25 pCt. der ganzen Schiffsbewegung veranschlagt; die Betriebs- und Unterhaltungskosten des Kanals hat der Herr Geh. Oberbaurath Lentze zu

— 200,000 Thaler —

jährlich berechnet.

Der zuvor angeführte Vergleich der Suez-Kanal-Gebühr ergiebt, dass Dampfschiffe in Anbetracht „des Werthes der gewonnenen Zeit“ bei Benutzung des Nord-Ostsee-Kanals gewiss noch mit Vortheil — 1 Mark pro. Reg.-Ton — werden entrichten können.

Es soll indessen nicht unerwähnt gelassen werden, dass der „Kieler Nautische Verein“ in Betreff der Durchfahrts-Abgaben sich im Jahre 1870 auf Anforderung der Regierung für nicht höhere Gebühren als 8 Sgr. pr. Ton-Reg. für

Dampfschiffe und 6 Sgr. pr. Ton-Reg. für beladene Segelschiffe ausgesprochen hat. Zu jener Zeit war jedoch der Bau des Kanals auf Staatskosten in Aussicht genommen und in Rücksicht hierauf und auf die heimische Schifffahrt ist wahrscheinlich das betreffende Gutachten abgegeben worden.

Der Kanal wird aber dem Transit-Verkehr der „allgemeinen“ namentlich auch der fremden Schifffahrt dienen und man wird falls eine Actien-Gesellschaft den Bau ausführen sollte, bei Feststellung des Tarifes, welche ja ohnehin mit staatlicher Genehmigung zu erfolgen hat, verschiedene Punkte noch einer eingehenden Prüfung unterziehen müssen.

Es würde z. B. sich vielleicht empfehlen den — mit Kohlen, Holz etc. — beladenen Schiffen ermässigte Gebühren einzuräumen und die deutsche Küstenschifffahrt — u. A. den Transport deutscher Kohlen von der Weser nach den deutschen Ostseehäfen besonders zu begünstigen.

In Betreff des Verkehrs auf welchen man für den Kanal rechnen könnte, liegen heute die Verhältnisse weit günstiger, wie vor fünfzehn Jahren. Die Dampfschifffahrt hat sich in einer, damals nicht geahnten Weise entwickelt — und auf die allgemeine Benutzung des Kanals Seitens derselben ist mit Sicherheit zu rechnen.

Um zu zeigen, wie man früher, in Bezug auf die Rentabilität, die dem Kanal zufallende Frequenz schätzte, — wie hoch man derzeit die Durchfahrts-Abgaben angenommen und die Betriebskosten (das Brunsbüttel-Kieler Schleusenkanal-Project ist hier gemeint) berechnet hatte, — sei uns gestattet, aus der „Denkschrift über den grossen Norddeutschen Kanal etc.“, herausgegeben von dem Kieler Comittee für den Kanalbau. Kiel, Schwers'sche Buchh. 1865“ Einiges im Auszug wiederzugeben.

Unter den vielen in der Nord-Ostsee-Kanal-Angelegenheit erschienenen Schriften gehört diese zu den wenigen, in welcher man sich der Aufgabe mit Sachkenntniss unterzogen hat, in Betreff der zu erhebenden Durchfahrts-Gebühren, etwas genauere Berechnungen anzustellen.

Es heisst in der betreffenden Denkschrift unter „Rentabilität des Kanals“ (Seite 63):

·|· „Die Frequenz der Kanalschifffahrt wird für die erste Zeit auf 15,000 Schiffe von der durchschnittlichen Tragfähigkeit von 200 Tons angenommen.

Eine Steigerung dieser Frequenz bis zu 20,000 derartigen Schiffen wird als nach einiger Zeit sicher eintretend gedacht.

Von einer ferneren Steigerung auf 25,000 Schiffe nehmen wir die Wahrscheinlichkeit an.

Die Grenze der Schiffszahl, welche bei den jetzt herzustellenden Anlagen erreicht werden darf, ohne eine Vergrösserung der Anlagen und der Betriebskosten zu erfordern, setzen wir auf 36,400.

Der durchschnittliche Werth der Schiffe wird auf 50 Thlr. pro Ton, also auf 10,000 Thlr. pro Schiff von der durchschnittlichen Tragfähigkeit von 200 Tons angesetzt.

Den Durchschnittswerth der Ladung setzen wir zu 60 Thlr. pro Ton oder zu 12,000 Thlr. der durchschnittlichen Schiffsgrösse an.

Der zehnte Theil der Schiffe wird in Ballast fahrend angenommen.“ — ·|·

(Die Baukosten waren für diesen Kanal incl. Zinsenverlust auf 18,500,000 Thlr. veranschlagt.)

Auf Seite 64 heisst es weiter:

„Die Kosten für den technischen Betrieb und die Unterhaltung des Werkes sind zu 140,500 Thlr. jährlich veranschlagt,*) wozu noch für die Finanzverwaltung und die Erhebung der Kanalabgabe eine Summe von 19,500 Thlr. hinzugerechnet wird, wodurch sich die *gesammten Betriebskosten* auf

— 160,000 Thlr. —

erhöhen. In diesem Betrage ist eine Summe von 20,300 Thlr. für künstliche Wasserhebung enthalten, welche aller Wahrscheinlichkeit nach niemals gebraucht wird, also auf die etwa höher wie eben geschehen anzuschlagenden Kosten der Finanzverwaltung und der Erhebung der Kanalabgabe zu rechnen sein würde.

Die *Einnahmen* bestehen in der *Kanalabgabe*, welche wir nach zwei verschiedenen Modalitäten berechnen wollen.

Ein Mal, indem wir entsprechend den oben ausgeführten Nachweisungen drei Kategorien von Abgaben sondern und ihren Betrag so normiren, dass nach dem früher Gesagten dem Rheder und Frachteigner ausser dem Zinsgewinn noch direkte Vortheile erwachsen. Diese drei Kategorien sind:

1) Schiffsabgabe für beladene Schiffe 6 Sgr. per Ton.
2) Desgl. für Schiffe in Ballast fahrend 3 Sgr. per Ton.
3) $\frac{1}{4}$ pCt. des Ladungswerthes.

---

*) Die technischen Betriebs- und Unterhaltungskosten (cfr. technischer Bericht):

Reservefond	82,500	Thlr.
Technische Administration	10,000	„
Löhne für Schleusen- und Brückenwärter, Schleusenknechte pp.	21,700	„
Zwei Hafeninspectoren mit Bureau	6,000	„
Eventueller Betrieb der Wasserhebungen	20,300	„
zusammen	140,500	Thlr.

Damit werden wir eine zweite Form der Kanalabgabe vergleichen, welche in mancher Beziehung Vorzüge darbietet und bei welcher von einer Berücksichtigung des Ladungswerthes abgesehen, dagegen eine höhere Schiffsabgabe normirt wird, nämlich 10 Sgr. per Ton des beladenen und 5 Sgr. per Ton des in Ballast fahrenden Schiffes. Es wird sich zeigen, dass diese Abgabe nicht höher ist als die vorige, für welche wir die Vortheile für Rheder und Ladungseigner nachgewiesen haben." ·|·

Es folgt dann die Anführung der Vorzüge für diese Modalität der Abgabe und gelangt man auf Seite 66 zu folgendem Resultat:

·|· „Berücksichtigt man aber, dass in dieser Abgabe von 10 Sgr. zugleich die Ladung eine Ersparniss in der Assecuranz-Prämie geniesst und dass diese Ersparniss in dem Frachtsatze eine theilweise Ausgleichung findet, so müssen wir zu den Schlüssen gelangen:

1) Dass beladene Schiffe bei einer Abgabe von 10 Sgr. pro Ton eine sehr erhebliche Ersparung machen, indem, wie schon bemerkt, in dem Frachtsatze indirect die Ersparung an der Assecuranz der Ladung enthalten ist. *)

2) Das geballastete Schiffe bei der Hälfte jener Abgabe, also 5 Sgr. pro Ton, erheblich direct sparen.

3) Das für geballastete und für beladene Schiffe ausser-

*) Diese Angabe von 10 Sgr. pro Ton correspondirt mit 1 sh. Sterl. per Ton Register.

Eine Untersuchung, wie hoch die Dock-Gebühren in Grossbritannien's vorzüglichsten Häfen: London, Liverpool, Hull, Leith sind, zeigt uns, dass dieselben mit Ausnahme gewisser Schiffe von 6 d. bis 1 sh. und mehr per Ton Register normirt sind, und dass bei einzelnen Docks die Ladung ausserdem noch eine bedeutende Abgabe zu zahlen hat.

Dies Beispiel dürfte dazu beitragen, zu beweisen: „dass eine Kanalabgabe von 10 Sgr. pro Ton von keiner Seite Anstand finden wird".

dem die verminderte Seegefahr bei der Benutung des Kanales ein reeller Gewinn ist.“ •|•

Der die Rentabilität erörternde Abschnitt in erwähnter Schrift schliesst wie folgt:

•|• „Es dürfte indessen überflüssig sein dem Kanale in seiner ganzen Ausdehnung eine Breite von 160 Fussen in der Wasserlinie zu geben. Diese Breite ist, wie wir oben zeigten, fast genügend um drei der grössten Dampfschiffe neben einander aufzunehmen, während es doch offenbar ausreicht, wenn zwei solcher, überhaupt nur in geringer Anzahl vorkommende Fahrzeuge bei der Begegnung einander ausweichen können. Dazu braucht aber nicht der ganze Kanal die hierzu nöthige Breite zu haben, sondern es könnten ähnlich wie die Ausweichungen bei Eisenbahnen, einzelne Erweiterungen an verschiedenen Stellen des im Uebrigen schmäler zu haltenden Kanales angelegt werden. Durch telegraphische Benachrichtigung von dem Eingehen besonders grosser Fahrzeuge in die Kanalmündungen würde es sich immer leicht einrichten lassen, dass die Begegnung an einer der Erweiterungen stattfände.

Es liegt nun auf der Hand, dass durch eine solche Modifikation des Kanales eine ganz bedeutende Ersparniss erzielt werden würde, indem hierdurch grade der kostbarste Theil aller Arbeiten, die Masse der Erdbewegungen, sehr verringert wird.“ •|•

Insbesondere ist aus den obigen Anführungen hervorzuheben, dass das Kieler Comité eine Kanal-Breite von 160 Fuss für einen Verkehr bis zu 36,000 Schiffen als ausreichend erachtete. In Bezug auf die angenommene Kanal-Frequenz ist zu bemerken, dass man damals die Anzahl der jährlich durch den Sund gehenden Schiffe nicht kannte; man nahm an, dass seit dem Jahre 1856, nach Aufhebung des Sundzolles kein offizieller Nachweis zu erlangen sei und schätzte den Sund-Verkehr, ohne den der Belte und des Eider-Kanals, auf mindestens 26,000 — bis höchstens 36,000 Schiffe.

Das Kieler Comité nahm in seinen Berechnungen die Sund-Passage ziemlich richtig mit 30,000 Schiffen an; dieselbe hat nämlich im Jahre 1865 im Ganzen 31,552 Schiffe betragen. Ueber den Raumgehalt der Schiffe kann man sich allerdings nach Aufhebung des Sundzolles keine Kenntniss verschaffen, jedoch sind die in Berechnung gezogenen Durchschnittsgrössen, auf Grund der officiellen Statistiken der Ostseeschifffahrt, ziemlich richtig angenommen.

Das Kieler-Comité hatte bei Schätzung der Kanalfrequenz, — den obenbezeichneten Zahlen von 15,000 und 20,000 Schiffen etc. — die Annahme zu Grunde gelegt, dass zunächst nur die Hälfte, dann zwei Drittheile der zwischen Nord- und Ostsee verkehrenden Schiffe den Kanal benutzen würden.

Der Raumgehalt der Sund-Schifffahrt ergab nach den Berechnungen (auf Seite 38 u. 39) rund 10,600,000 Reg.-Tons für im Ganzen 36,670 Schiffe; die erhaltene Ziffer erreicht jedoch bei Weitem nicht die Wirklichkeit, denn es sind in der angegebenen Tonszahl nur die gemeldeten Schiffe in Berechnung gezogen.

In dem officiellen Bericht einer von der dänischen Regierung zur Prüfung einer Nothhafen-Anlage im Kattegat eingesetzten Commission, heisst es nach einer Notiz der „Hamb. Nachrichten“ vom 22. November v. J. - „indem nicht weniger als 50,000 Schiffe jährlich Skagen passiren und ausserdem eine grosse Anzahl von

Schiffen den Trafik zwischen dem südlichen Norwegen und Schweden auf der einen Seite und Dänemark und Deutschland auf der anderen Seite besorgt." —

Dennoch wollen wir für den Zeitpunkt der Eröffnung des Kanalbetriebes den Gesammtverkehr inclusive dem der Belte und des Eider-Kanals nicht höher wie zu

6 Millionen Reg.-Tons für Dampfschiffe und
6 „ „ „ Segelschiffe (s. S. 47)
im Ganzen zu 12 Millionen Reg.-Tons

bemessen und unserer Calculation die Annahme zu Grunde legen, dass $^5/_6$ der Dampfer — 5 Millionen Reg.-Tons — und nur $^1/_2$ der Segelschiffe — 3 Millionen Reg.-Tons — den Kanalweg wählen sollten.

Die Durchfahrtsabgaben berechnen wir (s. Seite 45 u. 46) zu mässigen Sätzen und nehmen an, dass der auf

— 8 Millionen Reg.-Tons —

geschätzte Kanalverkehr — etwa wie folgt vertheilt, — nachstehende Einnahme herbeiführen wird.

5 Millionen Reg.-Tons Dampfschiffe		
wovon 60 pCt. mit Ladung verschiedener Art		
= 3 Millionen Reg.-Tons à 1 Mark......	Mark	3,000,000
„ 20 pCt. mit Kohlen-Ladung od. dergl.		
= 1 Million Reg.-Tons à 60 Pf.........	„	600,000
„ 20 pCt. in Ballast		
= 1 Million Reg.-Tons à 50 Pf.........	„	500,000
3 Millionen Reg.-Tons Segelschiffe		
wovon 50 pCt. mit Ladung verschiedener Art		
= 1,500,000 Reg.-Tons à 75 Pf.........	„	1,125,000
„ 25 pCt. mit Kohlen-Ladung od. dergl.		
= 750,000 Reg.-Tons à 60 Pf.........	„	450,000
„ 25 pCt. in Ballast		
= 750,000 Reg.-Tons à 40 Pf.........	„	300,000
	Mark	5,975,000

Wenn man für die ersten Betriebsjahre auch nur einen Kanalverkehr

von ²/₃ der Dampfer	= 4,000,000	Reg.-Tons
und ¹/₃ der Segelschiffe	= 2,000,000	„
	also 6,000,000	Reg.-Tons

in Anschlag bringt, so wird nach obigen gewiss mässig angenommenen Tarifsätzen sich noch immer ein recht befriedigendes Resultat herausstellen, falls das Bau-, resp. das Actien-Kapital die Summe von 75 Millionen Mark nicht übersteigt, wie bei vorgedachter Ausführung anzunehmen ist.

Denkt man sich das Actien-Kapital eingetheilt in etwa:
30 Millionen Mark Stammactien und
45 „ „ Stamm-Prioritätsactien oder Obligationen
und Letztere zu 4½ pCt. vorab verzinst, so dürfte auf die Stammactien entfallen:

Bei einer Kanal-Frequenz von 8 Millionen Reg.-Tons und einer Einnahme von . . . . . . Mark 5,975,000

nach Abzug:

von Betriebs- und Unterhaltungskosten nach Berechnung des Geh. Oberbaurath Lentze	Mk. 600,000	
„ der Tantième a. d. Verwaltung und Dotirung des Reservefonds	„ 300,000	
„ 4½ pCt. Zinsen auf 45 Million. Mark Prioritäten	„ 2,025,000	
		„ 2,925,000
		Mark 3,050,000

— circa 10 pCt. —

Bei einer Kanal-Frequenz von 6 Millionen Reg.-Tons, welche folgende Einnahme liefert:

4 Millionen Reg.-Tons Dampfschiffe

wovon 60 pCt. =	2,400,000 R.-T.	à 1 Mk....	Mark	2,400,000
20 „ =	800,000 „	à 60 Pf....	„	480,000
20 „ =	800,000 „	à 50 Pf....	„	400,000

2 Millionen Reg.-Tons Segelschiffe

wovon 50 pCt. =	1,000,000 R.-T.	à 75 Pf....	„	750,000
25 „ =	500,000 „	à 60 Pf....	„	300,000
25 „ =	500,000 „	à 40 Pf....	„	200,000
			Mark	4,530,000
nach Abzug wie vorstehend . . .			„	2,925,000
			Mark	1,605,000

— circa 5 pCt. —

Wären die Aussichten auf eine Rentabilität nicht so günstiger Art der Bau des Kanals müsste dennoch, — abgesehen von dem militairischen Nutzen — allein im Interesse der deutschen Schifffahrt gewünscht und empfohlen werden.

In Rücksicht hierauf heisst es in der mehrerwähnten Denkschrift des Kieler Comité's auf Seite 9:

„Eine einzige von unseren grossen Eisenbahnen kostet „so viel als dieser Kanal, welche von ihnen dürfte sich an „Wichtigkeit mit diesem deutschen Seewege messen.“ —

Wir theilen vollständig diese Ansicht; der Kanal wäre nicht allein – in politischer, militairischer und wirthschaftlicher Beziehung – wichtig, sondern zur Entwickelung der deutschen Dampfschifffahrt, damit solche wenigstens einigermassen mit dem Emporkommen der Dampfschifffahrt anderer Länder Schritt hält, eine Nothwendigkeit.

Alle Handelsplätze von einiger Bedeutung haben bereits heute ihre regelmässigen Dampferverbindungen; der Kanal wird vorzugsweise den deutschen Rhedereien Gelegenheit geben neue Linien zu eröffnen, im Allgemeinen mehr Interesse für den Bau von Dampfschiffen erwecken und Kapital-Betheiligungen des Inlandes zur Bildung von Frachtdampfer-Rhedereien heranziehen. Gleich wie bei neu eröffneten Eisenbahnlinien sich der Verkehr mehr entwickelt und stets weitere Anschlüsse bewirkt werden, wird der Nord-Ostsee-Kanal zur Hebung deutscher Schifffahrt beitragen, insbesondere auch den Bau von Frachtdampfern begünstigen — Fahrzeugen, welche bei mässiger Fahrgeschwindigkeit, geringem Kohlenverbrauch gleichzeitig darauf eingerichtet sind günstige Winde zu benutzen, — diesen gehört die Zukunft der Schifffahrt! —

In der Versammlung des Deutschen Nautischen Vereins zu Berlin am 31. Januar 1872 ist in einer Rede des Herrn Consul Sartori als Kieler Delegirten in der Nord-Ostsee-Angelegenheit auch bereits darauf hingewiesen, und u. A. gesagt worden:

„Eine bedeutende Vergrösserung der Schifffahrt kann auch constatirt werden und für uns alle ist es gewiss sehr erfreulich, jetzt in Deutschland besonders der zeitgemässen Dampfschifffahrt ein reges Interesse zugewandt zu sehen; sicher wird damit so fortgefahren und Deutschland in einem Jahrzehnt dann auch auf diesem Gebiete unsern Vorgängern in der Dampfschiffsrhederei ebenbürtiger. Die Schifffahrt würde aber noch einen grösseren Aufschwung besonders an der deutschen Küste, namentlich in Hamburg und Bremen erfahren, wenn für die grössere Sicherheit und Schnelligkeit derselben den Bau eines Nord-Ostsee-Kanals erfolgte.“

Die Zeit ist nicht mehr fern, wo die „kurze Fahrt“ gänzlich in Händen der Dampfschifffahrt sein wird; noch vor wenigen Jahren wurden pr. Dampfer nur feinere Waaren verladen, da man nicht glaubte, dass werthlosere Güter die Dampfer-Fracht würden tragen können, heute liegt die Sache bereits anders. Der Bau von Fracht-Dampfern hat sich in praktischer Weise vervollkommt, diese können billiger fahren, man verladet jetzt pr. Dampfer Artikel gewöhnlichster Art und findet dabei seine Rechnung, — da der Zinsgewinn durch frühere Lieferzeit, die Ersparniss an Assecuranz, mitunter der geringere Verlust an Qualität der Ladung — den höheren Frachtsatz reichlich aufwiegt.

Für manche Routen und Artikel besteht bereits keine Differenz mehr zwischen den Frachten für Dampf- und Segelschiffe, vielfach können Letztere schon heute nicht mehr in Concurrenz treten. Die Einfuhr englischer Steinkohlen in Hamburg, welche vor 15 bis 20 Jahren nur durch Segelschiffe beschafft wurde, geschieht jetzt fast ausschliesslich durch Dampfschiffe; damals erhielten Segelschiffe von Newcastle, Hartlepool oder Sunderland eine Fracht von 7—9 sh. sterl., heute beträgt die Fracht per Dampfer etwa nur 5—6 sh. per Ton.

Der Uebergang von der Segelschifffahrt zur Dampfschifffahrt, denn anders lässt sich die Sache nicht bezeichnen, erfolgt mit Riesenschritten.

Die „Hansa“, Zeitschrift für Seewesen, schreibt in No. 16 diesen Jahrgangs:

„Die Zunahme der Dampfer in Grossbritannien, das Jahr 1878 gegen 1877 gehalten, beträgt in Rücksicht auf die Zahl 25 pCt.,*) auf den Gehalt aber 30 pCt. Die

*) (Anmerkung d. Verf.) Einbegriffen sind hier wahrscheinlich alle keineren Küstendampfer unter 100 Netto-Reg-Tons.

Einfuhr in britische Häfen durch fremde Schiffe hat im verflossenen Jahr um 1 pCt., nämlich um 327,462 To. abgenommen, gleichzeitig sind aber durch britische Dampfer aus fremden Häfen 668,369 To. mehr eingeführt. Daraus folgt, dass die Abnahme lediglich ihren Grund hat in dem Zurückweichen der Segelschifffahrt, gegen welche die Dampfer stets grösseren Vorsprung gewinnen, indem sie die Segelschiffe mehr und mehr aus den Gebieten verdrängen, die man sonst für die ausschliessliche Domaine der letztern ansah."

Man vergleiche damit die Zunahme des Dampfer-Verkehrs durch den Sund, welcher wir bereits in der Einleitung erwähnten. — Unaufhaltsam erfolgt das Zurückdrängen der Segelschifffahrt und an ein Aufleben derselben durch günstige Fracht-Conjuncturen ist nicht zu denken, denn sobald aus irgend einem Theil der Welt der Telegraph uns günstige Ernteberichte oder dergl. bringt, laufen eine Menge Dampfer auf die Chance hinaus, einen guten Frachtenmarkt anzutreffen und die Segelschiffe haben das Nachsehen, kommen jedenfalls zu spät, um noch von den etwa höheren Frachtraten zu profitiren. Oftmals ereignet es sich dann, dass durch die Ueberzahl von Dampfern noch obendrein die Segelschiffsfracht gedrückt wird, wie wir dies z. B. vor etwa zwei Jahren beobachten konnten, als von den Reisplätzen sehr gute Ernteberichte eingetroffen waren, woraufhin eine grosse Anzahl Dampfer hinausging. Da jedoch der in einem Theile Indiens herrschenden Hungersnoth wegen keine Abladungen in dem erwarteten Maasse stattfanden, liefen die Dampfer frachtsuchend nach anderen Plätzen, was damals z. B. in Singapore zur Folge hatte, dass die Frachtraten für Segelschiffe noch um 25 bis 30 pCt. zurückgingen.

Augenblicklich ist ein Aufschwung des Handels und auch eine Besserung der Seefrachten wahrnehmbar; von verschiedenen Plätzen, wie z. B. von Singapore, San Francisco treffen Berichte ein, dass Frachten steigen und Schiffe gesucht bleiben.

Wir wollen hoffen, dass die Besserung anhalten und die bemerkbare kleine Steigerung keine vorübergehende sein möge.

Die Segelschiffs-Rhedereien sind mit wenigen Ausnahmen in den letzten Jahren finanziell soweit zurückgegangen, dass denselben eine kleine Erholung wohl zu gönnen wäre; — allein, ein Frachten-Stand, wie die Segelschifffahrt solchen noch vor zehn Jahren gewohnt war, wird nicht wieder erreicht werden, eine lebenskräftige Zukunft besitzt die Segelschifffahrt nicht mehr, wenn letztere auch besonders für einzelne Waaren-Gattungen (Petroleum, Guano u. dergl.) niemals ganz aufhören wird. Gleich wie die Eisenbahnen eine locale Theuerung verhindern, und der Telegraph Speculationen auf ausserordentliche Preissteigerungen einzelner Artikel, wie dies früher geschehen, fast unmöglich macht, wird in Zukunft die Dampfschifffahrt stets den Ausgleich im Frachtenmarkt bald wieder herstellen.

Der Kanalbau lässt erwarten, dass mehr Sinn für Dampfschifffahrt an den deutschen Küstenstrecken entstehen wird; es werden sich kleinere Segelschiffs-Rhedereien vereinigen und gemeinschaftlich zur Anschaffung von Dampfschiffen übergehen; nur auf diese Weise ist es möglich dem, durch die übermächtige Dampfer-Concurrenz des Auslandes, unserer Schifffahrt drohenden Ruin mit Erfolg zu begegnen.

Worin liegt aber der Grund, welcher die Dampfschifffahrt zu der herrschenden macht. Es ist kein anderer dafür anzuführen, als dass „der Zeitgewinn für den Handel Geldeswerth besitzt“ und dieser Umstand bürgt uns auch für die Prosperität des Nord-Ostsee-Kanalunternehmens.

Anhang.

Terrain-Beschreibung der Strecke zwischen Elbe und Obereider.

Auszug aus dem technischen Bericht der Herren
C. F. Christensen, Deichinspector u. **H. Christensen,** Wasserbaudirector.
dat.: Glückstadt, im September 1848.

(Project zu einem deutschen Marine- und Handelskanal etc. Rendsburg, bei F. M. Wendell.)

„Die Seen der Obereider befassen eine Länge von 1¼ Meilen, haben Tiefen von 17 bis 50 Fuss bei grosser Breite, und nur in den Engen werden scharf gekrümmte Ufer angetroffen. Diese liegen bei dem Winterwasserstande 8⅔ Fuss über dem Spiegel der Ostsee und 5⅔ Fuss über dem gewöhnlichen Hochwasser der Untereider bei Rendsburg, ein Höhenmaass, welches an jeder Seite durch Eine Schleuse erreicht werden kann. In der Obereider vereinigen sich die Wasserzuflüsse von 10 Quadratmeilen, dem Wassergebiete der Eider mit dem Flemhuder See, Westensee, Schulensee, Bordesholmer-, Einfelder- und Bothkampersee, welche nicht allein den Schleswig-Holsteinischen Kanal vollständig versorgen, sondern auch durch ihre bei Weitem grössere Massen den Mühlen in Rendsburg dienen.

Nur diesen Mühlen, und namentlich der herrschaftlichen Kornmühle ist die Erniedrigung der Obereider im Sommer beizumessen. Der Wasserverbrauch dieser Mühlen beträgt beim Hochwasserstande der Obereider 26 Millionen Kubikfuss, und bei dem niedrigsten Sommerwasserstande fast noch 5 Millionen Kubikfuss in 24 Stunden. Dieser letztere Wasserzufluss, ausser demjenigen, welcher der jetzigen Schleswig-Holsteinischen Kanalfahrt dient, wird noch zu 50 Schiffen mittlerer Grösse täglich ausreichen, wenn diese auch in Einer Richtung fahren, jedes also zwei Schleusenkammerfüllungen zur Durchfahrt in Anspruch nimmt. Es ist überdies die Möglichkeit gegeben, das nicht unbedeutende Entwässerungsgebiet der Wehraue mit den Seen in der Gegend von Nortorf, welches jetzt directe in die Untereider seinen Abfluss findet, in die Obereider zu leiten.

Zwischen der Obereider und der Untereider bei Rendsburg dürfte die Gegend im Norden ausserhalb des Kronwerks in Betracht kommen. Innerhalb der Festungswerke werden die Wasserbehälter nicht hinlänglichen Raum darbieten; auch die eckigen Begrenzungen dieser Behälter durch die Festungswerke machen dieselben wenig geeignet zur Aufnahme der grössten Seeschiffe, welche zu Zeiten in nicht geringer Anzahl sich einfinden. Der Boden zwischen d m Vorwerk und Rendsburg erreicht eine Höhe von 38 Fuss über der Obereider, fällt aber sogleich wieder in die Niederung des Sepenbeks, welches an der Westseite der Schleswiger Landstrasse in das Thal der Untereider fällt.

Die Untereider bis Wittenbergen, soweit als dieselbe zu dem fraglichen Zwecke in Betracht kommt, ermangelt zur Stunde eines Ziehweges zum Fortschaffen der Schiffe. Ein Dampfbugsirfahrzeug ersetzt nur unvollständig diesen Mangel, weil dasselbe nur einzelnen Schiffen dienen kann, während diese zu Zeiten in grosser Anzahl eines Mittels zum Fortkommen bei Gegenwind bedürfen. Uebrigens hat die Eider nur einzelne, dem vorliegenden Zwecke nachtheilige Krümmungen.*) Erst unterhalb Wittenbergen finden sich diese in grösserer Zahl. Die Tiefen wachsen von 11 und 12 Fuss bei Rendsburg stromabwärts allmählig bis 20 und 22 Fuss bei Hochwasser und das Intervall zwischen regelmässigem Hoch- und Niedrigwasser beträgt resp. 3 und 4 Fuss. Das Breitenmaass des Flusses bei Wittenbergen ist durchschnittlich 250 Fuss und dieses Maass stromaufwärts fast constant bis zum sogenannten Schülperkanal unterhalb des namentlich durch seine Schiffsbauerei bekannten Dorfes Nübbel. Erst vom Dorfe Breiholz stromabwärts ist der Fluss auf beiden Seiten mit kleinen Deichen versehen, bis dahin liegen die Wiesen im Thale über der ordinairen Fluthhöhe. Die Thäler der Haler- und der Gieselaue liegen aber, gleichwie die jenseitigen Wiesen resp. 1 und 2½ Fuss unter gewöhnlichem Hochwasser, und verlangen Deiche als Schutzmittel gegen die Fluthen, welche in Sturmzeiten fast bis 4 Fuss über das gewöhnliche Maass steigen können, sowie Schleusen zur Entwässerung.

Bei Wittenbergen verlässt die Kanallinie die Eider, durchschneidet das äusserste Ende des Reithmoores bei Bockelhoop und geht im Thal der Gieselaue aufwärts bis Grünthal. Die Gieselaue ist von moorigen Wiesen

---

*) *Dagegen heisst es zuvor in Bezug auf die eigentliche Kanal-Strecke von Steinrade nach der Kieler-Bucht: „Eine Erweiterung des Schleswig-Holsteinischen Kanals mit dem Neubau von vier Schleusen mehr, als die neue Linie nach Eckernförde in Anspruch nimmt, würde überdies noch kostbarer und schwieriger durch die Nothwendigkeit einer Beseitigung der unerhörten Krümmungen, welche dieser Kanal in grosser Anzahl besitzt, und selbst Schiffen von kaum 100 Fuss Länge überaus lästig sind.“*

begränzt, welche in einer Tiefe von 10 bis 12 Fuss auf festem Sandboden liegen. Das Thal hat ein geringes Gefälle; erst in der Nähe von Grünthal wird eine Steigung bemerkbar, welche in der Richtung der bereits 1805 und 1806 projectirten Kanallinie über den 300 Ruthen breiten Höhenrücken, die Wasserscheide zwischen Eider und Elbe, bis 65 Fuss über gewöhnliche Fluthhöhe der Eider ansteigt, dann aber beim Albersdorfer Fierthause bis 30 Fuss nach der Schaafstedter Aue wieder fällt. Etwas weiter nördlich vom Fierthause hat diese Wasserscheide geringere Höhe und Breite, und es muss einer nähern Untersuchung bei der speciellen Planlegung vorbehalten bleiben, ob die grössere Länge einer Kanallinie in dieser Richtung sich durch den geringern Umfang der Erdbewegung rechtfertigen lasse.

Durch das Thal der Schaafstedter Aue und das Moor bei Lurup trifft die Kanallinie die Holstenaue bei der Schaafstedter Ladestelle. Bis dahin sind die Auen, Wiesen und Moore über der gewöhnlichen Eiderfluthhöhe; weiter abwärts an der Holstenaue senkt sich das Thal unter dieses Höhenmaass, und diese Höhe bleibt fast durchgehends in der ganzen übrigen Gegend bis zu den eigentlichen Elbmarschen der Wilstermarsch und Ditmarschen. Die Bodenbeschaffenheit dieser ganzen Gegend ist sehr verschieden. Oberhalb Burg liegen die Wiesen an der Holstenaue auf einer 20 und mehrere Fuss tiefen sumpfigen Moorschichte mit Sandunterlage, unterhalb des Kirchdorfs Burg am Burger Thal liegt das hohe Moor in 8 bis 10 Fuss Tiefe auf einer mächtigen Marschkleilage, und lässt die Wahrscheinlichkeit erkennen, dass jene Moorfläche vor Alters auf den Marschboden bei einer hohen Fluth getrieben worden, und sich dort festgesetzt habe. Auch um den Kudensee wird der Klei in gleicher Tiefe wieder angetroffen und der Boden zwischen dem Kudensee und dem Brunsbütteler Koog ist gleichfalls Marsch, über welcher man das Moor allmählich durch Torfstich beseitigt hat. Die Entwässerung dieser Gegend wird auf einem zweifachen Wege bewerkstelligt. Der ursprüngliche Weg des Wasserabflusses des Burger-Thals mit dem Kudensee war auf die Wilsteraue nach der Stör verwiesen. Die angrenzende Wilstermarsch konnte sich nur durch Anlage hoher Dämme gegen die Anschwellungen des Kudensees schützen, und man erkannte in der zweiten Hälfte des vorigen Jahrhunderts die Nothwendigkeit, auf einen anderweitigen Abflussweg Bedacht zu nehmen. Diesem Umstande verdanken der Kanal und die Schleuse im Elbdeiche zu Büttel ihre Entstehung. Durch diese directe Wasserableitung in die Elbe ist die Gegend der früheren Ueberschwemmungen überhoben. Nichtsdestoweniger sind in neuerer Zeit Wünsche zu ferneren Verbesserungen rege geworden, und diese befassen eine Trennung des Burgerthals mit dem Kudensee von dem Thale der Wilster- und Holstenaue, wo mitunter im Interesse der kleinen Schifffahrt zur Erlangung eines höhern Wasserstandes das Wasser durch die Schleusen im Deiche bei Kasenort aus der Stör eingelassen wird, wenn solches auch den Grundbesitzern im Burgerthale zum grössten Nachtheile gereicht. Dieses Thal sollte dann eine besondere Ableitung durch den Brunsbüttler Hafen in die Elbe erhalten.

Eine nähere Kunde und Berücksichtigung der bemerkten Entwässerungs-Verhältnisse ist bei der Bestimmung der Kanalanlagen unerlässlich, und eben deshalb müssen diese in ihren Hauptgrundzügen erwähnt werden.

Kurz vor der Ausmündung in die Elbe durchschneidet die Kanallinie, gerade an der Grenze zwischen Dithmarschen und der Wilstermarsch die hohe Marsch des Brunsbüttlerkoogs, doch nur in einer Länge von 200 Ruthen bis zum Elbdeiche. Das Fahrwasser der Elbe läuft hart längs dieses Deiches und Vorufers und ziemlich bedeutende Stromwerke verhindern eine noch fernere Annäherung der Elbtiefe.

Die Fahrbahn der Elbe, bekannt durch neuerdings erschienene Seekarten, ist ohne alle Untiefen, erstreckt sich in grosser Breite bis zur Ausmündung in die Nordsee, und ist mit den nöthigen Seesignalen und den übrigen Erfordernissen einer geregelten Schifffahrt im vollständigsten Maasse versehen.“

Aus dem Schlusse ist in Bezug auf die projectirte Herstellung von Dämmen folgendes erwähnenswerth:

„Mit diesen wenigen Uebergängen erreicht der Kanal das Elbufer, wo ein Schleusenwerk, der bereits bezeichneten Art, mit zweien Kammern die Verbindung mit der Elbe herstellig macht. Um so kostbarer wird dieses Schleusenwerk, weil dasselbe bei der grossen Wassertiefe, den Sturmfluthen Widerstand leisten und deshalb Thore bis mindestens 20 Fuss über gewöhnliche Fluthhöhe erhalten muss, auch einer Einrichtung bedarf, dass der Wasserdruck bei Sturmfluthen auf drei Paar Thore vertheilt werden kann. Eine solche Veranstaltung wird aber alle und jede Besorgniss vor einem Durchbruch fern halten. Um indessen jedweder Furcht der Marschen vor einem Brechen der Schleusenthore zu begegnen, wird der Kanal mit Dämmen an dessen Ufern versehen werden, welche genügende Höhe haben, um einem Einströmen in die Marsch vorzubeugen. Die Kanalausgrabung liefert das Material zu diesen Dämmen. Eben diese Kanaldämme werden zugleich Dithmarschen und die Wilstermarsch in Betreff des Schutzes gegen die Fluthen der Elbe von einander unabhängig machen. Jetzt ist z. B. Dithmarschen wesentlich dabei interessirt, dass der Wilstermarsch-Elbdeich keinen Durchbruch erleide. Künftig würden aber jene Kanaldämme die Verbreitung einer Ueberschwemmung der Wilstermarsch, deren Möglichkeit keineswegs geleugnet werden kann, über die südlichsten Kirchspiele Dithmarschens verhindern." *)

*) (Anmerk. d. Verf.) Nach einer Mittheilung von sachverständiger, mit den Boden-Verhältnissen des Landes, dem Deich- und Entwässerungswesen bekannten Seite, müsste die Kanal-Linie die Wilstermarsch unter allen Umständen, des weichen morastigen Untergrundes wegen, meiden. Die am 28. December 1867 in der Gegend von Ahrendsee am Elbdeich stattgefundenen und noch im vorigen Jahre am Bahnkörper der holst. Marschbahn in der Nähe der Station St. Margarethen vorgekommenen Senkungen beweisen die Richtigkeit dieser Ansicht. Die östliche Mündung dürfte demnach nicht nach St. Margarethen, wie von dem Geheimen Oberbaurath Lentze projectirt war, sondern nach dem Brunsbütteler-Koog zu legen und überhaupt von der Elbe bis Burg die Linie zu wählen sein, welche der frühere Oberbaudirector E. H. Christensen in dem Kieler Project 1865 festgestellt hatte.

Die Niederungen in welchen der Kanal Dämme erhalten müsste, sind auf anhängender Karte ungefähr angegeben. Die Ausführbarkeit Letzterer und eines zeitweisen Aufstauens des Kanalwasserstandes über Fluthhöhe kann umsoweniger bezweifelt werden, als bereits im Kieler Project von 1865 Profile im Auftrage vorkommen und von der Elbe bis Burg eine beständige Aufstauung über die gewöhnliche Fluth in Aussicht genommen war. In der Denkschrift über den gr. Nord. Kanal heisst es auf Seite 87: „Im Auftrage, woselbst die Dämme eine erhebliche Höhe erhalten, die im Haalerau-Thal bis zu 32 Fuss ansteigt, sind diese bis zu 22 Fuss über der Kanal-Sohle mit 2½füssigen Dossirungen angelegt etc." — ferner auf Seite 89: Die untere westliche Haltung geht von der Hodonner Schleuse bis zum Elbdeich im Brunsbüttlerkooge und liegt der Kanalspiegel hier 6 Fuss über O. S. oder 1½ Fuss über ordinärer Fluth.

Tabellarische

über den **Rückgang der Segelschifffahrt gegen die**

Nach den General-Registern des Bureau-Veritas

Jahrgang	Englische				Amerikanische			
	Segler	Reg.-Tons	Dampfer	Netto-Reg.-Tons	Segler	Reg.-Tons	Dampfer	Netto-Reg.-Tons
1876–1877	20265	5807365	3299	2216606	7288	2390521	605	489517
1879–1880	18357	5584128	3542	2555575	5915	2041645	519	369598
	*Ab*nahme		*Zu*nahme		*Ab*nahme		*Ab*nahme	
Pro Cent	9,42	3,34	7,37	15,29	18,84	14,59	14,21	24,50

Jahrgang	Deutsche				Französische			
	Segler	Reg.-Tons	Dampfer	Netto-Reg.-Tons	Segler	Reg.-Tons	Dampfer	Netto-Reg.-Tons
1876–1877	3456	875995	226	176322	3858	725048	314	219600
1879–1880	3159	927984	244	184526	2914	572506	292	233972
	Ab-	*Zu*nahme	*Zu*nahme		*Ab*nahme		*Ab*-	*Zu*nahme
Pro Cent	8,59	5,94	7,96	4,65	24,47	21,04	7,01	6,55

Jahrgang	Russische				Dänische			
	Segler	Reg.-Tons	Dampfer	Netto-Reg.-Tons	Segler	Reg.-Tons	Dampfer	Netto-Reg.-Tons
1876–1877	1785	391952	151	69107	1348	188953	87	40957
1879–1880	1852	425090	156	77944	1180	180589	104	45105
	*Zu*nahme		*Zu*nahme		*Ab*nahme		*Zu*nahme	
Pro Cent	3,75	8,46	3,31	12,78	12,46	4,43	19,43	10,13

Der grosse Unterschied, welcher zwischen den **officiellen** Schiffs-
besteht, erklärt sich dadurch, dass in den General-Registern des
Dampfschiffe von mindestens 100 Register-Tons aufgeführt sind.

Uebersicht

Dampfschifffahrt von medio 1876 bis medio 1879.
(Internationales Institut für Schiffs-Classificationen).

Norwegische				Italienische			
Segler	Reg.-Tons	Dampfer	Netto-Reg.-Tons	Segler	Reg.-Tons	Dampfer	Netto-Reg.-Tons
4749	1410903	122	39420	4601	1292076	114	62929
4178	1382323	135	43748	2956	924797	101	68149
*Ab*nahme		*Zu*nahme		*Ab*nahme		*Ab*-	*Zu*nahme
12,02	**2,03**	**10,66**	**10,98**	**35,75**	**28,43**	**11,40**	**8,30**
Niederländische				Schwedische			
Segler	Reg.-Tons	Dampfer	Netto-Reg.-Tons	Segler	Reg.-Tons	Dampfer	Netto-Reg.-Tons
1432	399993	126	85703	2121	399128	219	59549
1144	340093	113	81783	1921	404376	194	57520
*Ab*nahme		*Ab*nahme		*Ab*-	*Zu*nahme	*Ab*nahme	
20,11	**14,98**	**10,32**	**4,57**	**9,43**	**1,32**	**11,41**	**3,41**
Oesterreichische				Spanische			
Segler	Reg.-Tons	Dampfer	Netto-Reg.-Tons	Segler	Reg.-Tons	Dampfer	Netto-Reg.-Tons
983	338684	78	53703	2915	557320	230	118262
608	238347	74	51916	1589	328681	214	115822
*Ab*nahme		*Ab*nahme		*Ab*nahme		*Ab*nahme	
38,15	**29,63**	**5,12**	**3,33**	**45,49**	**41,03**	**6,96**	**2,06**

Verzeichnissen der verschiedenen Länder und **dieser** Zusammenstellung
Bureau Veritas nur Segelschiffe von mindestens 50 Register-Tons und

Recapi

Die vorstehende „Tabellarische Uebersicht“ ergiebt, dass
Seeschiffen über 50 resp. 100 Reg. Tons

Segler.

Nationalität	An Zahl		An Register-Tons	
	Abnahme	Zunahme	Abnahme	Zunahme
Englische	9,42 pCt.	—	3,84 pCt.	—
Amerikanische	18,84 „	—	14,59 „	—
Norwegische	12,02 „	—	2,03 „	—
Italienische	35,75 „	—	28,43 „	—
Deutsche	8,59 „	—	—	5,94 pCt.
Französische	24,47 „	—	21,04 „	—
Niederländische	20,11 „	—	14,98 „	—
Schwedische	9,43 „	—	—	1,32 „
Russische	—	3,73 pCt.	—	8,46 „
Dänische	12,46 „	—	4,43 „	—
Oesterreichische	38,15 „	—	29,63 „	—
Spanische	45,49 „	—	41,03 „	—

Die folgende Tabelle ergiebt, dass die Dampfschifffahrt im Verhältniss zum Segel-
schen Flagge, — der Deutschen und Schwedischen, bei Letzteren aber nur in
„Abnahmen“ — z. B. die der niederländ. und spanischen Dampfer, verglichen
nach Lage des allgemeinen Handels die Schifffahrt durchschnittlich,

tulation.

von medio 1876 bis medio 1879 sich der Gesammtbestand von wie folgt verändert hat:

Dampfer.

Nationalität	An Zahl		An Register-Tons	
	Abnahme	Zunahme	Abnahme	Zunahme
Englische	—	7,37 pCt.	—	15,19 pCt.
Amerikanische	14,21 pCt.	—	24,50 pCt.	—
Norwegische	—	10,66 „	—	10,98 „
Italienische	11,40 „	—	—	8,30 „
Deutsche	—	7,96 „	—	4,65 „
Französische	7,01 „	—	—	6,55 „
Niederländische	10,32 „	—	4,57 „	—
Schwedische	11,41 „	—	3,41 „	—
Russische	—	3,31 „	—	12,78 „
Dänische	—	19,43 „	—	10,13 „
Oesterreichische	5,12 „	—	3,33 „	—
Spanische	6,96 „	—	2,06 „	—

schiffsbestande gleicher Flagge „dem Raumgehalt nach“ bei der Amerikani-
höchst unbedeutendem Maasse abgenommen hat; es beweisen sonach vorstehende
mit der Zunahme an Raumgehalt im Verhältniss zum Segelschiffsbestande — dass
besonders aber die Segelschifffahrt meist überall in Rückgang begriffen ist.

Der **Antheil** der Dampfschifffahrt an dem Gesammtbestand von Seefahrzeugen.*)

Nationalität		Gesammtbestand von 1876 auf 1877		Antheil der Dampfer in Procenten		Gesammtbestand von 1879 auf 1880		Antheil der Dampfer in Procenten	
		Anzahl	N.-Reg.-Tons	Der Anzahl nach:	Dem Raumgehalt nach:	Anzahl	N.-Reg.-Tons	Der Anzahl nach:	Dem Raumgehalt nach:
Englische......	Segler	20265	5 807 365			18357	5.584.128		
	Dampfer	3299	2 216 606			3542	2 555 575		
	Total	23564	8.023 971	14,00	27,62	21899	8,139 703	16,18	31,40
Amerikanische.	Segler	7288	2 390.521			5915	2,041.645		
	Dampfer	605	489 517			519	369 598		
	Total	7893	2 880 038	7,66	17,00	6434	2,411.243	8,07	15,33
Norwegische...	Segler	4749	1,410 903			4178	1,382 323		
	Dampfer	122	39 420			135	43.748		
	Total	4871	1 450 323	2,50	2,72	4313	1.426 071	3,13	3,07
Italienische....	Segler	4601	1,292 076			2956	924 797		
	Dampfer	114	62 929			101	68 149		
	Total	4715	1.355.005	2,42	4,64	3057	992 946	3,30	6,86
Deutsche......	Segler	3456	875.995			3159	927,984		
	Dampfer	226	176.322			244	184.526		
	Total	3682	1.052 317	6,14	16,76	3403	1.112.510	7,17	16,59
Französische...	Segler	3858	725.048			2914	572 506		
	Dampfer	314	219.600			292	233 972		
	Total	4172	944,648	7,53	23,25	3206	806 478	9,11	29,01
Niederländische	Segler	1432	399.993			1144	340 093		
	Dampfer	126	85 703			113	81 783		
	Total	1558	485.696	8,09	17,65	1257	421.876	8,99	19,39
Schwedische...	Segler	2121	399 128			1921	401.376		
	Dampfer	219	59,549			194	57,520		
	Total	2340	458.677	9,36	12,98	2115	461.896	9,17	12,45
Russische.....	Segler	1785	391 952			1852	425 090		
	Dampfer	151	69.107			156	77.944		
	Total	1936	461 059	7,80	14,99	2008	503.034	7,77	15,49
Dänische......	Segler	1348	188 953			1180	180 589		
	Dampfer	87	40 957			104	45.105		
	Total	1435	229 910	6,06	17,81	1284	225 694	8,10	19,99
Oesterreichische	Segler	983	338.684			608	238 347		
	Dampfer	78	53 703			74	51.916		
	Total	1061	392,387	7,35	13,69	682	290,263	10,85	17,88
Spanische.....	Segler	2915	557.320			1589	328 681		
	Dampfer	230	118 262			214	115.822		
	Total	3145	675.582	7,31	17,51	1803	444,503	11,87	26,06

*) (Von über 50 resp. 100 Reg.-Tons, siehe S. 68.)

Die Frachtdampfer-Rhederei.

Aus vorstehenden Tabellen ist hervorzuheben, dass unsere Segelschifffahrt in 3 Jahren »der Zahl nach« um $8,_{59}$ pCt. abgenommen, dagegen um $5,_{94}$ pCt. »dem Raumgehalt nach» zugenommen hat, was doch wohl dafür als Beweis zu dienen vermag, dass das kleine Rhedereiwesen mit Schiffen bis zu 200 Tons in bedenklicher Abnahme begriffen ist, wenn nicht dem gänzlichen Ruin entgegengeht. Die Vermehrung des Raumgehaltes wird durchaus nicht als ein Aufschwung unserer Segelschifffahrt angesehen werden dürfen, sondern wird solche eher darauf zurückzuführen sein, dass unsere Werften zum Theil den Neubau grösserer Schiffe für eigene Rechnung fortgesetzt haben. Es erklärt sich indessen die Zunahme der Tonszahl auch daraus, dass für Bremer Rechnung eine Anzahl älterer grosser Schiffe für die Petroleum-Fahrt auswärts angekauft wurden. Die starke Abnahme engl. Segelschiffe gegen die bedeutende Zunahme engl. Dampfer muss besonders auffallen; als Ursache für Letztere mag wohl mit der niedrige Eisenpreis der vorhergehenden Jahre gelten, eine weitere Erklärung ist aber auch darin zu suchen, dass man in englischen Rhederei-Kreisen allgemeiner zu der Einsicht zu kommen scheint, — die Segelschifffahrt werde auf die Dauer gegen die Dampfschifffahrt nicht mehr concurrenzfähig bleiben, da Erstere in den verflossenen Jahren Nichts verdienen, während Letztere noch einigermassen prosperiren konnte. Dass Dampfschiffe trotz niedriger Frachten bei kundiger Geschäftsleitung noch günstige Resultate zu liefern im Stande sind, dafür möge der nach stehende, mit freundlicher Bewilligung der betreffenden Rhederei wiedergegebene Rechnungs-Auszug eines deutschen Frachtdampfers als Beispiel dienen.

Debet. (Netto-Grösse 750 Register-Tons bei 1070 Tons

1878.		M.	₰
	An Ausgaben		
März	„ in **Baltisport** u. **Reval** SR. 1353. 04 à 216. 70	2932	04
„	„ „ **Aberdeen** .... £ 78. 17. 6		
„	„ „ **Newcastle o. T.** .... „ 83. 2. 4		
	£ 161. 19. 10		
	à 20. 37	3299	77
April	„ „ **Bolderaa** u. **Riga** SR. 2583. 10 à 198½.	5127	46
„	„ „ **Dünkirchen** Frs. 3662. 10 à 80. 70	2955	31
Mai	„ „ **Riga** SR. 1717. 48 à 198¾	3413	49
„	„ „ **Kopenhagen** Kr. 282. 73 à 113	319	48
„	„ „ **Antwerpen** Frs. 3570. 28 à 80. 75	2883	—
Juni	„ „ **Archangel** SR. 2635. 65 à 216. 70	5711	45
Juli	„ „ **Dünkirchen** Frs. 3419. 05 à 80. 60	2755	75
August	„ „ **Archangel** SR. 2797. 41 à 216. 70	6061	99
„	„ „ **Dünkirchen** Frs. 2678. 77 à 80. 65	2160	43
„	„ „ **Newcastle o. T.** .... £ 83.—. 9		
	à Frs. 25. 26½ u. 80. 65	1691	99
Septbr.	„ „ **Kiel** (incl. Reparatur)	8335	10
„	„ „ **Stettin**	1482	75
„	„ „ **Leith** £ 184. 2. 9 à 20. 40	3756	41
October	„ „ **Riga** SR. 1608. 53 à 201. 85	3246	82
„	„ Lootsgeld **Dragö** Kr. 62. 84 à 115	72	27
„	„ in **Antwerpen** Frs. 3951. 85 à 80. 55	3183	22
Novbr.	„ „ **Stockholm** Kr. 2064. 37 à 18. 10 u. 20. 40	2326	69
„	„ „ **London** £ 91. 5. 1 à 20. 40	1861	58
Decbr.	„ „ **Riga** SR. 1700. 17 à 201. 85	3431	79
„	„ Jahres-Casco-Versicherung von M. 300,000 16. Decbr 1878 bis 15. Decbr. 1879 lt. Rechng.	16055	—
„	„ in **Antwerpen** Frs. 3771. 36 à 80. 50	3035	94
„	„ „ **Newcastle** £ 69. 6. 8½ à Frs. 25. 35 u. 80. 50	1415	05
	Transport M.	87413	56

Ladefähigkeit mit 130 Tons Bunker-Kohlen.)

Credit.

1878.		M.	₰
März	Per Saldo lt. Abrechnung	3134	72
"	" Fracht von **Liverpool** nach **Baltischport** für 1 Ladung Baumwolle à 30 *s* pr. T. £ 724. 19. 9 à 26 *d* u. 216. 70	14501	98
"	" Fracht von **Reval** nach **Aberdeen** für 1 Ladung Hafer à 2 *s* 3 *d* pr. Qr. von 320 ℔ £ 834. 6. 11 à 20. 37	16995	63
April	" Fracht von **Newcastle o.T.** nach **Bolderaa** für 1 Ladung Kohlen à 5 £ pr. Keel £ 240. –. – à 23 7/16 *d* u. 198½	4878	34
"	" Fracht von **Riga** nach **Dünkirchen** für 1 Ladung Hanf und Flachs à 45 Frs. pr. Ton Frs. 25,508. 90 à 80. 70	20525	68
	1 Tag Liegegeld in Dünkirchen Frs. 750. – à 80. 70	605	25
Mai	" Fracht von **Riga** nach **Antwerpen** für 1 Ladung Hafer à 3 *s* pr. Qr. von 320 ℔ £ 1030. 16. 10 à 25. 19 u. 80. 75	20968	27
Juli	" Fracht von **Archangel** nach **Dünkirchen** für 1 Ladung Flachs u. Tow à 42*s* 6*d* u. 82*s* 6*d* pr. T. £ 1371. 7. 5 à 25. 11 u. 80. 60	27754	73
August	" Fracht von **Archangel** nach **Dünkirchen** für 1 Ladung Flachs u. Tow à 42*s* 6*d* u. 82*s* 6*d* pr. T. £ 1453. 8. 7 à 25. 19 u. 80. 65	29527	46
Septbr.	" Fracht von **Newcastle o. T.** nach **Kiel** für 1 Ladg. Kohlen à £ 5. 15 pr. Keel £ 267. 7. 6 à 20. 48	5475	85
	Transport M.	144367	91

Debet.

1879.			
	Per Transport M.	87423	56
	An Ausgaben		
Januar	„ „ **Hamburg**	2767	98
„	„ „ **Libau** SR. 1436. 63 à 199. 80	2870	38
„	„ „ **Antwerpen** Frs. 3929. 75 à 80. 50	3163	45
	„ „ **West-Hartlepool** .... £ 48. 5. 11		
	à Frs. 25. 25 à 80. 50	981	67
	„ Kohlenverbrauch 1587$^{16}/_{10}$ Tons	19974	54
Februar	„ Kosten für erkrankten Heizer, Reisekosten und Contribution	265	54
„	„ ganze Heuer vom 1. März 1878 bis 28. Februar 1879	13802	57
„	„ Wechselspesen von M. 175,487. 41 à $^1/_2$ % .	877	44
„	„ Wechselcourtage von do. à $^1/_8$ % .	219	36
„	„ Porto, Auslagen, Druckkosten, u. kl. Kosten	481	50
„	„ Caplaken des Capitains und Correspondenz-Provision von M. 235,306. 07 à 3 %	7059	18
„	„ Reserve-Conto zinstragend belegt	10000	—
„	„ **Vertheilung** . ... M. 100,000. — ab: Jahres-Prämie des ganzen Casco wie vorstehend... „ 16,055. —		
		83945	—
„	„ Saldo	6117	40
	M.	240040	79

S. E. & O.

..........., ult. Februar 1879.

....

Reservegelder

laut letzter Abrechnung...... M. 40,000. —
„ obiger do. ...... „ 10,000. —
M. 50,000. —

Credit.

			M.	Pf.
		pr. Transport M.	144367	91
Septbr.	Per Fracht von **Stettin** nach **Leith** für 1 Ladung Weizen à 1 s 7½ d pr. Qr. £ 379. 18. 8	à 20. 40	7750	64
„	„ Passagiergeld von Leith nach Riga £ 4	à 20. 40	81	60
October	„ Fracht von **Leith** nach **Riga** für 1 Ladung Eisen und Bricks à 6 s 6 d pr. Ton £ 315. 18. –	à 24⅛ u. 201. 85	6343	40
„	„ Fracht von **Riga** nach **Antwerpen** für 1 Ladung Getreide u. Saat à 2 s 6 d pr. Qr. Hafer £ 887. 19. —	à 25. 39 u. 80. 55	18160	08
Novbr.	„ Fracht von **Stockholm** nach **London** für 1 Ladung Hafer à 2 s 6 d pr. 336 ℔ £ 835. 13. 6	à 20. 40	17047	77
Decbr.	„ Fracht von **Riga** nach **Antwerpen** für 1 Ladung Getreide u. Saat à 3 s pr. Qr. Hafer £ 1068. 10. 8	à 25. 36 u. 80. 50	21813	91
1879 Januar	„ Fracht von **Newcastle o.T.** nach **Hamburg** für 1 Ladung Kohlen à £ 7. 5 s pr. Keel £ 357. 1. 3	à 20. 47	7309	06
„	„ Fracht von **Libau** nach **Antwerpen** für 1 Ladung Hafer u. Saat à 2 s 3 d pr. Qr. Hafer £ 756. 19. 11	a Frs. 25. 25 u. 80. 50	15386	89
Februar	„ Schiffsantheil an den Gratificationen		119	53
	„ Zinsen a. Reservegelder M. 40,000 1 Jahr à 4%		1600	—
		M.	240040	79
1879 März 1.	Per Saldo	M.	6117.	40

Gesammt-Resultat:

Verdienst für ca. 5¼ Jahr in Fahrt......		M. 478,000. —
ab: Assecuranz-Prämie für **6** Jahre...		„ 150,206. 75
Baar an die Rhederei ausgetheilt.........		M. 327,793. 25
dazu: Reservegelder..............	M. 50,000. —	
noch nicht abgefahrene Assecuranz-Prämie ca.......	„ 12,206. 75	
		„ 62,206. 75
Netto-Verdienst		M. 390,000. —
Kostenpreis des Dampfers		„ 348.000. —
Plus (ohne Zinsberechnung).......		M. 42,000. —

Berücksichtigt man, dass nach den vorhergehenden Zusammenstellungen, — Grossbrittanien einen Besitzstand von 3452 Dampfern aufzuweisen vermag, dem wir nur 244 Dampfer entgegenstellen können, uns also um etwa das 14fache überlegen ist, — dass allein die Tonszahl englischer Dampfer den Gesammt-Raumgehalt unserer ganzen Handelsmarine auch das Verhältniss des Antheils unserer Dampfschifffahrt zu unserem Segelschiffs-Bestande um mehr als das doppelte übertrifft und zieht man ferner die höhere Leistungsfähigkeit und die grössere Rentabilität der Dampfschifffahrt, für welche vorstehend ein Beispiel gegeben ist, in Betracht, so erhellt, welche Gefahr dem Fortbestande unserer Segelschifffahrt droht, wie sehr es gewünscht werden muss, dass unsere Rhedereien in stärkerem Maasse zur Dampfschifffahrt übergehen. —

Es sind hier insbesondere die kleineren Segelschiffs-Rhedereien gemeint, diese müssen sich allmählig in Frachtdampfer-Rhedereien umwandeln, wenn dem Rhederstande geholfen werden soll; durch Bildung neuer Dampfer-Gesellschaften würde dieser Zweck nicht erreicht.

Den Rhedern von Segelschiffen wird es auch an dem guten Willen, — Dampfer anzuschaffen — durchaus nicht fehlen, aber deren eben zur Zeit noch in Segelschiffen angelegtes Kapital ist nicht zu mobilisiren; man muss nämlich, wie dies zuweilen geschieht, nicht glauben, dass die Segelschiffs-Rhederei vorzugsweise von reichen Kaufleuten der grossen Handelsstädte, wie Bremen, Hamburg, Stettin, Danzig u. s. w. betrieben wird, sondern es vertheilt sich der Hauptbestand unserer Segelschiffs-Rhederei auf die ganze deutsche Küste — auf einige hundert kleine Heimathshäfen.

Den Rhedereien von Staatswegen Bau-Prämien oder verzinsliche Subventionen zu gewähren, würde wohl nicht zum Ziele führen, da diese nicht hoch genug sein könnten, um die Sache genügend zu unterstützen, indem der Staat nicht im Stande ist, eine hinreichende Controlle über die Vorschüsse und das gegebene Unterpfand auszuüben.

Um den Rhedereien Erleichterungen zum Bau von Dampfern zu verschaffen, müsste es dagegen ausführbar erscheinen, wenn sich Rhederei-Genossenschaften bildeten, welche gegen den abzuschätzenden Werth und unter gemeinschaftlicher Sicherstellung durch ihre, für Rechnung der einzelnen Genossenschafts-Mitglieder in Fahrt bleibenden Schiffe Kapitalien zum Bau von Frachtdampfern anleihen und die Geschäftsführung der genossenschaftlichen Dampfschiffs-Rhederei unter eine mit dem Verfrachtungswesen etc. von Dampfern vertraute Leitung stellen würden.

Diese Kapitalien könnten indessen nur von einem zu diesem Zwecke begründeten Institute vorgestreckt werden, welches ebenfalls unter einer mit dem Schifffahrts-Fache und allen Vorkommnissen desselben bekannten Leitung stehen müsste, — das seine Garantien, abgesehen von der Haftbarkeit des genossenschaftlichen Eigenthums darin fände, dass dasselbe die zum Unterpfand gestellten Schiffe stets unter Assecuranz-Besorgung, wenigstens unter Aufsicht behielte und welches seinen Nutzen darin suchte, dass demselben für die zum Bau von Dampfschiffen gemachten Vorschüsse, ausser einer mässigen Zinse, ein bestimmter Antheil am Ueberschuss der belehnten Frachtdampfer gewährt würde.

Die Italienische Rhederei besitzt bereits eine derartige Anstalt in der »Cassa marittima« zu Genua, welche zum Bau von Schiffen und überhaupt auf heimische Fahrzeuge Vorschüsse leistet. Die Begründung einer »Deutschen Rhederei-Bank« auf ähnlicher Grundlage, resp. mit dem Domicil in Berlin, als Hauptstadt des Deutschen Reiches und dem Sitz der Kapitalkraft des Landes, würde gewiss segensreich wirken und überdies mit gutem eigenen Vortheil arbeiten können. Die Errichtung von Filialen in Hamburg, Bremen, Stettin, als dem Sitz der Seeassecuranz-Gesellschaften, muss als selbstverständlich vorausgesetzt werden, wie überhaupt die Bildung einer deutschen »Schifffahrts-Casse« unter Betheiligung einsichtsvoller, in maritimen Angelegenheiten erfahrener Personen des Handelsstandes erfolgen müsste, dann aber ein sehr lohnendes Feld finden und den mitunter in bedrängter Lage befindlichen Rhedereien überhaupt eine kräftige Stütze würde. Der Rheder kann eben jetzt nur in seinen eigenen, mit Schifffahrts-Verhältnissen vertrauten Kreisen Geld finden, da anderen die Controlle über das verpfändete Object zu schwierig wird.

Man hat ermittelt, dass der ursprüngliche Durchschnitts-Bauwerth sämmtlicher in der deutschen Rhederei beschäftigten Dampfschiffe auf ca. 100 Millionen Mark, soweit solche nur als Güterschiffe angesehen werden, der Bauwerth der Segelschiffe dagegen auf ca. 300 Millionen Mark anzuschlagen sei, sonach die ganze deutsche Rhederei einen Werth von ca. 400 Millionen Mark repräsentire, d. h. ohne Werthverminderung durch Abnutzung. —

Zu jetzigen Baupreisen und in Anbetracht der in den letzten Jahren bezahlten Ankaufspreise älterer Schiffe lässt sich der Werth unserer Handelsmarine ungefähr wie folgt schätzen.

Am 1. Januar 1879 existirten an registrirten Segelschiffen von mehr als 50 Kubikmetern (17,$_{65}$ Reg.-Tons) laut Handbuch für die deutsche Handelsmarine

im Alter von 1 bis 3 Jahren	101,988 à **240** M.	pro Ton	=	M. 24,477,120
„ „ „ 4 „ 10 „	205,077 à **200** „	„	=	„ 41,015,400
„ „ „ 11 „ 20 „	380.211 à **150** „	„	=	„ 57,031.650
„ „ „ 21 „ 30 „	194,520 à **75** „	„	=	„ 14,589,000
„ „ „ 31 Jahren u. mehr	67,671 à **50** „	„	=	„ 3.383,550
Segelschiffe Total	949,467 Tons		=	„ 140,496,720

Am 1. Juli 1879 existirten an Dampfschiffen von mehr als 283 Kubikmetern (100 Reg.-Tons) laut General-Register des Bureau Veritas: 265,383 Tons Brutto

ferner an kleinen Dampfschiffen unter 100 Reg. Tons laut Handbuch für die deutsche Handelsmarine nur Netto-Grössen enthaltend 4542 R.-T. = ... ca. 4,617 „ „

Dampfschiffe Total	270,000 T. Br. à 260 M.	=	70,200,000
deren Maschinenkraft ca. 52,000 Pferdekräfte nom. à 700 M.		=	36,400,000
			M. 247,096,720
Schätzt man sämmtliche kleinen Fahrzeuge: (Bugsirböte, Fischerböte etc)	auf nur	„	2,903,280
so ergiebt sich ein Totalwerth von		M.	**250,000,000**

Zur Zeit sind in Bau:	32 Segelschiffe	von Holz,	mit ca.	**12735** R.Tons
	2 „	von Eisen,	„ „	**2100** „
	15 Dampfer	„	„ „	**11000** „
			Zus. ca.	**25835** R.Tons

deren Werth nach Vollendung über 8 Millionen Mark betragen dürfte.

Ein unseren Rhedereien gewährter Vorschuss von 25—30 pCt. auf den in jedem einzelnen Falle abzuschätzenden Werth der Segelschiffe, event. bei sonst gut situirten und unter tüchtiger Leitung stehenden Rhedereien der gleiche Vorschuss auf die neu zu erbauenden Frachtdampfer würde in wenigen Jahren unsere Dampferflotte verdoppeln und uns mehr in Stand setzen, mit eigenen Schiffen unsere Ein- und Ausfuhr zu besorgen, welche — soweit dies die Dampfschifffahrt betrifft — jetzt in allzu überwiegendem Maasse durch fremde Dampfer zu geschehen pflegt; gleichzeitig würde aber damit unsere Segelschifffahrt aus den drückenden Verhältnissen befreit, in welchen sich dieselbe nach allgemeiner Uebereinstimmung befindet, was wiederholt als eine „Nothlage" bezeichnet worden ist und der schifffahrttreibende Stand unseres Vaterlandes wieder zu einem lebenskräftigen emporgewachsen. Die Erhaltung und Entwickelung unserer Handelsmarine ist ohnedies für die politische Machtstellung des Deutschen Reiches, soweit dies die Stärke und Ausdehnung unserer Kriegsflotte anbetrifft, von erheblicher Wichtigkeit.

In Rhederei-Kreisen besteht zum Theil noch die Hoffnung auf ein Aufblühen der Segelschifffahrt durch Steigerung der Seefrachten; mögen letztere auch im Allgemeinen etwas anziehen, aber die Zeiten, in welchen sich ein Segelschiff in einigen Jahren »freifahren« konnte, werden wohl niemals wieder kommen, da die Dampfschiffe ihr Reiseziel stets schneller und mit grösserer Sicherheit zu erreichen vermögen, demnach bei weniger Risico — höherer Leistungsfähigkeit — eben verhältnissmässig billiger und mit weit geringerem Nutzen fahren können, also erheblichere Frachtensteigerungen bald wieder ausgleichen werden.

Ein Aufschwung unserer Rhederei-Verhältnisse ist nur durch ein stärkeres Uebergehen zur Dampfschifffahrt denkbar; gefördert würde dieses in besonders hohem Maasse durch Herstellung eines Wasserweges, welcher die ganze deutsche Küstenstrecke verbinden und die ersten Handelsstädte des deutschen Reiches einander näher bringen würde, durch den

— Nord-Ostsee-Kanal. —

Druck von Pontt & v. Dohren in Hamburg.

FSC
www.fsc.org
MIX
Papier | Fördert
gute Waldnutzung
FSC® C083411

Zeitfracht Medien GmbH
Ferdinand-Jühlke-Straße 7
99095 Erfurt, Deutschland
produktsicherheit@kolibri360.de